砂岩储层综合解释与预测

胡伟光　申小平　范春华　等编著

中国石化出版社

内容提要

本书以江汉盆地西南缘松滋油田的勘探实例为基础，系统阐述了致密砂岩储层综合解释与预测的原理及详细的技术方法、应用实例。以探索及研究针对致密砂岩储层的综合解释与预测技术流程为目的，研究中采用了地震资料精细构造解释、地震相分析、叠后波阻抗反演、地震属性及相干体、三维可视化等技术方法，实施致密砂岩储层的构造精细解释及预测，并对各种反演和属性预测结果进行多参数的平面叠合分析，综合相关结果得到有利砂岩储层的大致分布区域；本书还总结了这些砂岩储层预测方法的应用情况及特点，提出致密砂岩储层预测的一些关键技术及参数；利用本书的技术方法及成果可实施陆相砂岩储层的预测，其相关的应用技术及经验可在陆相砂岩储层预测中进行推广。

本书以砂岩储层的地震综合解释与预测相结合，材料翔实，论述深入，不仅在致密砂岩储层预测方面进行分析，同时也系统地提供了砂岩储层预测的思路、方法和技术参数，具有很强的实用性。

本书可供各大石油公司从事砂岩储层的勘探、开发、研究人员阅读，也可作为高等院校石油地质、地球物理、石油工程等相关专业的师生参考使用。

图书在版编目(CIP)数据

砂岩储层综合解释与预测/ 胡伟光，申小平，范春华等编著.
—北京：中国石化出版社，2015.12
ISBN 978-7-5114-3758-7

Ⅰ.①砂… Ⅱ.①胡… ②申… ③范… Ⅲ.①砂岩储集层-地质勘探-研究 Ⅳ.①P588.21

中国版本图书馆 CIP 数据核字(2015)第 295974 号

中国石化出版社出版发行
地址:北京市东城区安定门外大街 58 号
邮编:100011 电话:(010)84271850
读者服务部电话:(010)84289974
http://www.sinopec-press.com
E-mail:press@sinopec.com
北京富泰印刷有限责任公司印刷
全国各地新华书店经销
*
787×1092 毫米 16 开本 7.75 印张 166 千字
2016 年 1 月第 1 版 2016 年 1 月第 1 次印刷
定价:38.00 元

前言

当今油气勘探逐渐走向构造复杂、深层区域，勘探难度越来越大，取得的油气勘探“亮点”越来越少。传统的油气勘探手段亟需提高，相关的物探技术也需要取得相应的发展、进步。针对含油气盆地的勘探，通过地质认识、物探技术、钻井技术的进步可取得一些新的油气突破。但在勘探的各个阶段对储层的预测无疑是必须的，无论是陆相油气田，还是海相油气田，都需要这样的技术来预测富含油气的储层体系及其分布情况，这也需要物探人员付出更多的智慧、努力和汗水，以此来探索、创新出更成功的储层预测的技术方法。

油气田的勘探是一个长期的过程，不同的认识及勘探手段随时代的进步往往会发生巨大的变化。如四川盆地的沉积地层中往往含有多套油气储层，而勘探就不能局限于某一个油气储层，这些储层中可能有一个储层会带来惊喜。这样的勘探例子有很多，油气勘探实施的“三步法”应该是勘探区内的沉积相研究、沉积相中的有利沉积相分布研究、有利沉积相中寻找更为有利的储层段研究三个阶段，从而稳妥地实施勘探推进，这样就有更大的机会获得油气突破。如四川盆地普光气田的勘探，其陆相勘探沉寂多年，但它的海相礁滩储层却钻获高产工业油气流；川东南的焦石坝页岩气田，其浅层的长兴组礁滩相储层勘探成效不大，而其海相的五峰—龙马溪组页岩气勘探则获得巨大的突破和成功，推动了川东南盆缘构造带的页岩气勘探。所以，正是这些实际鲜明的勘探例子表明，弄清楚勘探区内多套储层的分布情况对实施油气勘探、布设相关井位是相当重要的。

另外，物探技术的进步，使我们得以更为深入、准确地了解地下的地质情况，这得益于物探仪器、计算机及软件技术的进步。随着相关物探技术、地质认识的进步，如叠前裂缝预测技术、流体检测技术以及高分辨率地震资料采集技术现在都能很好地实现，这样就更利于在勘探区域内寻找有利的沉积相中更为有利的储层段，并在有利部位上布设勘探井。另外，地震成像手段的多样化，使我们更为准确地得到地下地质的构造情况，这样可在了解储层类型及其分布的情况下，准确寻找到勘探部位的高点或次高点，也更有利于钻获工业油气流并获得突破。

其次，钻井技术的进步也使钻井深度得到延伸。现在的勘探深度越来越大，基本上可达到7000～8000m，这样也有利于我们取得地层中更深部位储层的认识，并获得相关的储层参数，有利于进行后续的勘探；水平井及压裂技术近几年来得到长足的进步，在页岩气的勘探中往往见到水平井钻进及分段压裂作业，从而使勘探井获得更大的油气采收率。另外，通信技术的进步也有利于油气勘探的进行，现在的各种视频交流软件，可以促进高水平的专家及勘探者进行更好的交流并使勘探认识得到深化，从而对研究区的勘探认识及区域评价实现进一步的了解。

当下，为了更好地指导及研究致密砂岩储层预测，应石油行业内同行的要求，我们总结了江汉盆地西南缘松滋油田的致密砂岩储层的综合解释与预测相关成果进行分析研究，集成编著成书，探索、研究这个油田的油气勘探的成功经验，期待为中国的油气勘探和储层预测提供一定的指导和借鉴作用。

本书共分为五章。第一章主要介绍致密砂岩储层及其预测相关的技术方法，有助于读者简略了解相关砂岩储层及预测的地球物理方法、技术特点；第二章至第四章重点阐述砂岩储层的特点、综合解释及预测的实践操作、应用情况，利用成熟的商业软件对松滋油田的含油砂岩储层段进行储层综合解释及预测的成果展示及分析；第五章主要是对致密砂岩储层解释、预测技术的集成总结，结论可以给读者一些启示及思考。由于陆相砂岩储层的沉积具有空间上的特殊性，不同的沉积相其孔隙度的大小亦各不相同，而孔隙度这个因素往往又会影响其储集能力；其次，如果储层发育裂缝体系，也有助于原油的产出，所以寻找裂缝发育带也相当重要。主要认识和成果简述如下。

(1)对研究区的沉积相研究及分析相当重要，确定有利沉积相的位置则更能准确地找到富油的砂岩储层，这就需要井资料并结合波形分类技术、地震剖面上波组的反射特征等进行沉积相的研究，从而得到油气富集的砂岩储层的大致分布位置。

(2)利用井震联合反演可以得到砂岩储层的空间位置，砂岩储层与非储层在波阻抗值上具有一定的差异，这个结论也被井资料所证实，当然也可以利用波阻抗值与孔隙度的转换计算公式，实施孔隙度反演得到孔隙度数据体。反演结果表明低波阻抗、高孔隙度反演数据与高孔隙度砂岩储层相对应，而高波阻抗、低孔隙度反演数据则与低孔隙度或致密砂岩储层相对应。

(3)相干体技术对大型断裂的预测及小型裂缝带的分辨率还是可以的，松滋油田的大型正断层上盘的断层附近往往发育微型裂缝体系，这些裂缝可对砂岩油气储层起到沟通作用，在储层段的裂缝体系中布设勘探井、开发井或水平井则有利于钻井产出高产的工业油流；后续工作可进一步对砂岩储层进行P波各向异性检测研究，从而确定有利的微型裂缝发育带。

(4)利用叠后地震资料进行吸收系数分析的研究成果显示，含油砂岩储层通常具有较高的吸收系数，而非储层的砂岩则有较低的吸收系数，这可能是储层的孔隙及裂缝的共同作用而使地震波的衰减比非储层段的衰减相对剧烈。

(5)砂岩储层中所含的不同流体——如油或水，本书中所使用基于叠后数据体的吸收系数技术对其不能进行分辨，建议后续工作可利用AVO技术中的$\lambda\rho$分析技术实施不同流体预测，探索砂岩储层的油－水识别问题。

(6)建立地震资料的储层精细解释技术，具体为对储层进行精细标定，利用波阻抗数据体及叠后数据体在剖面上的叠合显示，实施对储层段的层位精细解释，从而得到储层段的空间分布情况。

(7)精细地震资料解释及变速构造成图技术是了解砂岩储层空间分布的一大手段，构造高部位总比低部位更有利于钻获油气，但还要具体问题具体分析，如要考虑岩性圈闭的问题；其次，利用三维可视化技术可实施断层及层位产状的监控，并对解释成果进行检查及改正。

(8)地震属性及亮点分析技术可以快速、准确地找到富油的砂岩储层，砂岩储层往往表现出亮点特征及振幅变化率高值等特点，但还要具体问题具体分析，有的亮点并不能反映砂岩含油气，弱反射振幅也不一定是致密砂岩的反映，而在某些砂岩储层中是含油气的反映。

(9)多种参数的平面叠合分析更有利于寻找富油砂岩储层的平面分布位置，并利于后续勘探及开发的进行。

本书是原中国石化中南分公司参与松滋油田勘探及开发的全体管理及技术人员集体智慧的结晶，从该油田的砂岩储层预测研究成果中进行总结及分析。在这项集体劳动成果即将集结出版的时候，笔者对上述参加人员表示衷心的感谢！也感谢为本书编撰辛勤付出的绘图人员。

本书在中国石化勘探分公司各级领导的关怀下，由胡伟光、申小平、吴蕾等人共同撰写完成。本书编写的具体分工是：第一章由胡伟光、范春华、倪楷、吴蕾执笔；第二章由胡伟光、吴蕾、申小平执笔；第三章由胡伟光、郑建华、申小平、苏克露执笔；第四章由胡伟光、彭嫦姿、申小平、吴蕾执笔；第五章由胡伟光、范春华执笔。全书由胡伟光统稿完成。

由于现阶段我国的油气勘探进程相对较快，本书中相关砂岩储层的综合解释与预测成果的分析、认识可能存在不足，并且本书成果总结、集成的时间相对紧张，再加上作者水平有限，书中错误和分析不妥之处望读者不吝赐教。

目 录

1 概论

中国是世界石油资源大国，常规石油地质资源储量约为 765×10^8t，可采资源储量约为 212×10^8t。但含油气盆地总体上规模较小，地质条件复杂，勘探难度大，与世界其他产油大国相比，我国发现的世界级大油田相对较少。

我国石油探明程度依然较低，平均只有33%。主要产油盆地仍然是未来寻找常规石油储量的主要阵地，尤其是渤海湾、松辽、鄂尔多斯、塔里木、准噶尔等大型油气盆地。通过老油田挖潜和新油田的发现，这些盆地仍有很大的储量增长潜力。

从140多年的世界石油勘探历史来看，大多在经过常规构造油气藏普查、勘探、开发之后，勘探领域从陆架趋向海洋，勘探区块从盆缘构造带转向外围及盆内洼陷区，勘探目标从中浅层加深到中深层，勘探类型从构造圈闭到隐蔽油藏。我国中、东部中、新生代断陷盆地经过40余年的勘探开发实践，已形成"陆相生油"和"复式油气聚集带"等理论，到目前为止，大多数老油田已进入高含水阶段，需要不断挖潜和拓展新的勘探领域。

江汉盆地[1~6]是我国中部内陆断陷盆地，江陵凹陷是江汉盆地最大的次级构造单元，也是继潜江凹陷之后的又一个富烃凹陷。松滋油田[7~9]则位于江汉盆地江陵凹陷的西南部，该区的油气勘探工作始于20世纪70年代初期，由于物探技术及钻井技术落后，加上地质认识不够深入，导致该区的油气勘探相对滞后。在1994年原中国石化中南分公司经过实施大量的钻井、地质及物探工作后，分析认为松滋油田在新沟咀组下段沉积时为一缓坡三角洲沉积体系，在控相断层的下降盘(上盘)容易形成一些水下扇沉积微相砂体，局部存在好的储层发育带，经过二维地震资料的精细解释和储层预测，在构造高部位上部署了第一口探井——Es4井，实现了首钻突破的目标，另外，在后续的油气勘探中，Es8井和Es11-1井在白垩系渔洋组的油气勘探中获得重大突破，发现了新的砂岩储层。松滋油田的这些勘探历程表明：陆相砂岩储层单层厚度薄、储层非均质性强、横向变化快，并且研究区内的构造具有复杂性。由于研究区内的砂岩储层大多数是致密砂岩储层，所以对其储层的综合解释及预测技术要求相对较高。

1.1 致密砂岩储层研究

1.1.1 致密砂岩储层的基本特征

致密砂岩储层[10]具有岩性致密、低孔低渗、气藏压力系数低、圈闭幅度低、自然产能低等典型特征。由于不同学者所研究的对象和角度不同，对致密的理解也不尽相同。低渗透储层本身就是一个相对概念，随着资源状况和技术条件的变化，致密储层的标准和界限也会随之变化，因此长期以来致密砂岩储层一直没有一个完整的、明确的定义和界限。美国联邦能源管理委员会(FERC)把低渗透(致密)天然气储层定义为估算的原始地层渗透率为$0.1\times10^{-3}\mu m^2$或者小于$0.1\times10^{-3}\mu m^2$(B. E. Law 等，1986)的储层。关德师(1995)等在《中国非常规油气地质》中，把致密砂岩气藏的储层描述为孔隙度低(小于12%)、渗透率比较低(小于$1\times10^{-3}\mu m^2$)、含气饱和度低(小于60%)、含水饱和度高(大于40%)。杨晓宁(2005)认为致密砂岩一般是指具有7%～12%的孔隙度和小于$1.0\times10^{-3}\mu m^2$的空气渗透率，砂岩孔喉半径一般小于$0.5\mu m$。按照我国的标准，致密储层有效渗透率$\leqslant0.1\times10^{-3}\mu m^2$(绝对渗透率$\leqslant1\times10^{-3}\mu m^2$)、孔隙度$\leqslant10\%$。另外一般具有较高的毛细管压力，束缚水饱和度变化也比较大，一般储层中的束缚水饱和度都比较高。张哨楠[11~13]根据对鄂尔多斯盆地上古生界致密砂岩储层束缚水饱和度的分析，该砂岩储层的束缚水饱和度都在40%以上；在孔隙度为4%～11%的范围内，束缚水饱和度在42%～56%之间变化。他根据对四川盆地上三叠统致密砂岩储层[14]孔隙度和束缚水饱和度的统计，用两种方法测试的结果表明束缚水饱和度和孔隙度之间存在负相关关系。鄂尔多斯盆地上古生界致密砂岩储层的孔隙度、渗透率和束缚水饱和度之间的关系同样说明致密砂岩储层的束缚水饱和度随着孔隙度和渗透率的降低而增高。

1.1.2 致密砂岩储层的成因类型

致密砂岩储层与常规砂岩储层相比具有特殊的特征。Soeder 和 Randolph(1987)将致密砂岩储层划分为3种类型，即由自生黏土矿物沉淀造成的岩石孔隙堵塞的致密砂岩储层、由于自生胶结物的堵塞而改变原生孔隙的致密砂岩储层和由于沉积时杂基充填原生孔隙的泥质砂岩。Shan－ley 等(2004)认为了解常规储层和致密储层之间的岩石学特征对于理解致密储层和预测致密储层是非常关键的；而且指出，致密砂岩储层并不总是由于砂岩成分的不成熟、泥质杂基含量高所造成的，在成分成熟度较高的砂岩中一样存在着致密储层。张哨楠按照砂岩储层的致密成因，将致密砂岩储层划分为4种类型。

1）由自生黏土矿物的大量沉淀所形成的致密砂岩储层

此类致密储层可以是结构成熟度和成分成熟度均比较高的砂岩，也可以是结构成熟度较高而成分成熟度不高的砂岩。其岩石类型为石英砂岩，硅质岩碎屑含量比较高，岩石的分选性好，颗粒之间没有任何黏土杂基存在；但是在埋藏过程中由于自生的伊利石堵塞了颗粒间的喉道，喉道间的连通主要依靠伊利石矿物间的微孔隙，这使得岩石的渗透率极低，然而孔隙度的降低与渗透率相比不太明显，主要形成中孔、低渗的致密储层。

2）胶结物的晶出改变原生孔隙形成的致密砂岩储层

在砂岩储层埋藏过程中，由于石英和方解石以胶结物的形式存在于碎屑颗粒之间，极大地降低了储层的孔隙度，储层的渗透率也随之降低，形成低孔、低渗的致密储层。在孔隙中可以保存形成时间比较早的次生孔隙。其岩石类型为岩屑石英砂岩，岩石的分选性较好，含有少量的长石，孔隙类型主要有长石早期溶蚀形成的粒内溶孔以及高岭石的沉淀形成的晶间微孔隙。

3）高含量塑性碎屑因压实作用形成的致密砂岩储层

对于距离物源比较近、沉积环境水体能量不高、沉积物成分比较复杂，尤其是塑性和不稳定碎屑含量较高的储层，埋藏过程中在没有异常压力形成的条件下，因压实作用使塑性碎屑变形从而呈假杂基状充填于碎屑颗粒之间，导致砂岩储层成为致密储层。

4）粒间孔隙被碎屑沉积时的泥质充填形成的致密砂岩储层

在低能条件下或者在浊流条件下，由于沉积水体浑浊或者因水体能量不高，碎屑颗粒间杂基含量比较高，成为泥质砂岩。由于粒间孔隙被杂基所占据，孔隙间的流体交换不顺畅，无论早期还是晚期的溶蚀性流体都很难进入到孔隙中，因此粒间孔隙或者粒内孔隙都不发育；在泥质杂基中因成岩作用的关系可能发生重结晶或者微弱的溶蚀，形成杂基内的溶蚀微孔隙。

1.1.3 致密砂岩储层物性影响因素

唐海发（2007）等[15]以鄂尔多斯盆地上古生界下石盒子组盒二段储层为例，综合利用岩心、测井以及各种分析化验资料，通过储层沉积学、岩石学和成岩作用的研究，详细探讨了该区致密砂岩储层物性的主控因素，从沉积微相、砂岩岩矿组成、成岩作用3个方面给予描述。

1）沉积微相

沉积微相不仅控制砂体的类型、形态、厚度、规模及空间分布，影响砂体的平面和纵向展布与层间、层内的非均质性，而且还在微观上因其决定着岩石碎屑颗粒大小、填隙物的多少、岩石结构（分选性、磨圆度、接触方式）等特征，从而控制了岩石原始孔渗性的好坏，因此沉积微相对储层物性的控制是先天性的。

研究表明，沉积微相类型不同，其砂体的发育程度不同，并最终影响储层物性的非均质程度。可以通过储层物性的定量特征，来表征沉积微相的这种控制作用（表1-1）。

表1-1　不同沉积微相不同岩性的物性参数统计表

参数	辫状河主河道				河道边缘				洪泛平原		
	砾岩	粗砂岩	中砂岩	细砂岩	砾岩	粗砂岩	中砂岩	细砂岩	中砂岩	细砂岩	粉砂岩
孔隙度/%	7.65	8.17	5.74	4.97	2.91	6.19	4.00	3.18	6.26	2.89	1.85
渗透率/$10^{-3}\mu m^2$	1.26	0.60	0.47	0.18	0.09	0.45	0.11	0.16	0.31	0.12	0.06

由此可见，不同相带——由洪泛平原→河道边缘→辫状河主河道微相，随水动力强度增大，储层物性条件逐渐变好。同一相带内储层物性的分布，随着砂岩粒级的增大而变好，其中砾岩、粗砂岩物性最好，中砂岩次之，细砂岩、粉砂岩较差。而且，同一粒级的砂岩所处的相带不同，其物性亦差别很大。一般来说，辫状河主河道中的砂体，因其水动力能量最强，岩屑等细碎屑含量相对较少，物性最好，河道边缘次之，洪泛平原最差。

2)砂岩岩矿组成

沉积微相控制了储层物性的宏观分布，而砂岩的矿物组成和填隙物的含量则直接影响着储层原始的储集性能和渗流性能，并且是储层成岩改造的物质基础。盒二段储层主要发育岩屑砂岩、岩屑石英砂岩和长石岩屑砂岩3种基本岩性，砂岩中岩屑的含量较高，这是导致研究区内储层物性较差的一个重要原因。随着石英等刚性颗粒含量的增加，岩屑等柔性颗粒含量的减少，储层的储集性能明显变好。另外，由于部分长石被溶蚀，可形成一些次生孔隙，使得砂岩储集条件得以改善。

3)砂岩成岩作用

成岩作用这一概念自贡别尔(Von Gumbel，C. W. 1886)提出已有100多年的历史。在20世纪40年代以前，主要是对碎屑岩的研究，特别是对其中的一些矿物如石英、长石、锆石等的自生作用进行观察。自40年代及50年代发现了中东及加拿大的碳酸盐岩大油田后，碳酸盐岩石学、沉积学及成岩作用方面的研究在60年代和70年代蓬勃发展。就在碳酸盐岩研究工作方兴未艾之时，在70年代后期和80年代初，人们的注意力又开始转移到碎屑岩的研究上来。

在50年代以前，成岩作用的研究多限于描述性的工作。60年代以来人们着重研究成岩作用过程及其相对时间顺序，成岩环境和不同环境下形成的成岩结构。有许多著作将古代的岩石与现代沉积物相对比，做了许多详细的近地表的早期成岩组构的岩石学研究和地下的埋藏成岩作用研究。下面分别对一些主要的成岩作用进行简略描述：

(1)砂岩次生孔隙。

自70年代以来，砂岩成岩作用研究的最重要突破是发现了砂岩中有大量成岩作用形成的次生孔隙及其形成机制。随着油气勘探和研究的进展，现已证实有些砂岩油气储层的孔隙往往以次生的为主，否定了砂岩中都是原生粒间孔隙的传统概念。近年来在砂岩次生孔隙成因机理的研究方面有了新的进展。新研究成果表明，硅酸盐矿物(包括石英)的溶蚀比过去所报道得更普遍。

砂岩中次生孔隙的发现，从理论上为寻找深部油气藏提供了依据，扩大了油气勘探领域。世界上不少地区已在地表4000m以下发现了高孔隙、高渗透性砂岩油藏，如塔里木盆地的深埋优质砂岩储层则属剩余原生孔隙型。不少学者和研究机构正在研究盆地中砂体孔隙演化和分布的预测模型，预测地下孔隙度窗口和有利孔隙带的分布。

沉积盆地中由于干酪根析出的 CO_2 总量计算表明，形成次生孔隙需要大量腐植酸干酪根。但在很多盆地中所形成的 CO_2 及孔隙水流太少，不是以产生大量次生孔隙。但是，与黏土矿物反应可以提供另外的酸来源。

(2)沉积相、物源及构造。

成岩作用受许多地质、地球化学因素的影响，其中主要的因素是沉积相、物源及构造。近年来，不少学者开始注意研究这些因素。

①沉积相和物源。沉积相和对成岩作用有明显的影响。如不同沉积相带形成不同的早期胶结物，这对次生孔隙的形成具有重要影响。例如海相砂岩中常有碳酸盐胶结物，在后期埋藏成岩过程中，易溶蚀而形成次生孔隙和成岩致密带。另外，在海水与淡水交替带往往形成硅质胶结，可形成成岩圈闭。

各种成岩作用的强度及特性受砂岩沉积环境控制。砂岩的原始成分和砂体的几何形态是控制成岩特征的两个主要因素。

②构造。构造对成岩作用及储集性也有明显的控制作用，国外已开始注意对此问题的研究。如姆克布赖德(Mcbride，1983)研究了墨西哥北部的上白垩统河流相砂岩。该区的南部和北部砂岩矿物成分相似，但储集性有明显的差别，这取决于沉积后盆地发展史不同。

(3)埋藏作用。

沉积物在有效埋藏后到经受变质之前，随埋深或温度及压力增加所发生的一切变化，均属埋藏成岩作用，烃类也是埋藏成岩作用的产物。研究埋藏成岩作用的纵向变化特征，对石油勘探和开发都有实际意义。

随埋深增加，颗粒接触处的压力和正应力增加，使机械压实和压溶作用增强。其结果导致颗粒排列得更紧密，矿物的溶解度增加，如存在超压，则使压溶作用降低。

温度随埋深增加所产生的影响更大：①矿物的溶解度改变；②降低了离子的水化作用，使在地表温度下强烈水化的离子(如 Mg^{2+}、Fe^{3+})更有效地进入矿物相(形成富含铁镁的碳酸盐)；③水化矿物如蒙脱石和高岭石会变得不稳定，并形成含水少的矿物相。黏土矿物和沸石类矿物对温度变化最为敏感，都能作为地质温度计使用。

1.2 储层预测研究概况

1.2.1 地球物理的正、反演简介

自从石油勘探行业诞生以来，地球物理学家就一直致力于求解反演问题。在地球物理

勘探中，解释人员总是基于地面观测数据如地震记录或势场记录来推断地下特性。他们事先在头脑中形成一个粗糙的反映地面记录形成过程的模型，解释时通过这个粗糙的模型根据实际观测到的地面记录重构地下特性。按现代的说法，这种根据观测数据推断地下特性的工作就是求解所谓的“反演问题”。相反，“正演问题”就是在给定地下特征和特定的物理定律成立的前提下确定所能记录到的数据。直到20世纪60年代初地球物理反演才真正在地球物理学家的头脑中扎下了根。从那时开始，人们就尝试开展定量的和通用的地球物理反演，所采取的方法是一方面求助于理论的扩展，另一方面借助于计算机的能力将这些理论付诸于实际应用。应该指出，理论和计算机算法无论如何都不可能替代最终裁决人——地球物理解释人员来决定最终反演结果是否有意义。

按照上述很广义的反演问题定义，在处理中应用的那些熟悉的算法都可以看作地球物理数据的转换程序。例如，地震偏移就是试图根据地震记录重建实际的地下地层形态(Gardner，1985)。地层反射系数的反演可以通过预测反褶积衰减多次波反射来实现(Peacock和 Treitel，1969)，或通过地层脉冲响应中的一次波和多次波的模拟来实现(Lines和 Treitel，1984)。振幅随偏移距的变化(AVO)(Castagna 和 Backus，1993)处理包括地面振幅测量结果的岩性反演等。反演能处理不同类型的地球物理数据。由此，人们能够将不同的地球物理数据集(例如地震、势场和井中数据)与同一个地层模型同步地或顺序地进行拟合(Lines 等，1988)。其他反演的例子很多，不胜枚举。在每一种情况下，都是假定物理定律是成立的。例如，在地震反演中这个定律就是波动方程或是其某种近似。这样，基于物理定律的算法就使我们能够将观测到的数据转换成地下特征，这些特征都曾在其特定的位置上对观测结果产生过影响。

1)理论背景

反演可以定义为一种方法，借助于这种方法，人们可以获得精确描述观测到的数据集所推测的地下模型。以地球物理数据为例，观测结果包括那些可称之为地下构造的物理特征信号，即由地震震源或电磁源激发产生的构造反射(或散射)波场、构造异常重力场或磁场等。有关现代反演方法的理论基础在 Backus 和 Gilbert 早期的(1967、1968、1970)著作中均可以找到。

反演处理与正演模拟密切相关。正演模拟利用数学关系如波动方程来合成地层模型的激发响应，例如地震能量脉冲。地层模型是由一组参数如层速度和层密度等来定义的。这里，如何选择能精确描述观测结果的正演模拟方法肯定是十分重要的。在地震勘探中，正演模拟是用一种生成合成地震记录的算法来实现的，这些算法有地震射线追踪法、有限差分法或有限元波动方程解法等。在重力勘探中，正演模拟方法包括根据假定的地下密度分布计算重力场的规则。除了选择合适的数学模型外，了解应该使用多少模型参数和哪些参数最有效也是很重要的。“正确”模型的选择取决于所面对的勘探问题。例如，水平层状模型可能对堪萨斯中部的地质情况合适，但肯定不适用于怀俄明逆掩断层带和阿尔伯特山前带。

反演或“反演模拟”试图根据给定的一组地球物理测量结果重建地下特征，重建工作以模型响应“拟合”测量结果的方式进行，拟合工作通过某种误差测量方法来完成。因此，选择“好”模型是至关重要的。但即使模型选择得很充分，仍然有大量的问题需要解决。事实上，Jackson(1972)曾将反演中肯地描述为“对不精确、不充分和不一致的数据进行的解释”。

在回答这方面的一些问题中，采用符号注释可能更方便些。例如，将正演模拟过程表示为变换$f=T(x)$，这里f是模型响应，x是一个包含地下模型参数集的矢量，T是某种线性或非线性变换，假定它能以数学方法描述某种被观察的物理过程。在地震勘探中，T以合成地震记录的形式产生一个模型响应。这样，反演方法可以被写成$x'=T-1(y)$，式中，x'现在是一个包含由数据矢量y(数据空间)导出的地下模型参数集(模型空间)的矢量。这样，算子$T-1$就表示从数据空间到模型空间的逆变换。

尽管模型选择(或T的选择)在物理上是有意义的，但仍存在大量的问题。首先，$T-1$或许是不可确定的。其次，所要求的数据可能有“盲点”，例如，地震震源可能没照射到地下给定的部分，因此根据记录数据没有办法重建该部分。此外，实际数据总会受到噪声的污染，除理论情况外，可以预料在给定的测量误差范围内将有不止一个地下模型满足所观测到的数据，换句话说，反演是非唯一的。对这些问题理论研究人员已经做过大量的研究工作，反演问题是“不适定的”，即解矢量x'中的微小变动就能在模型响应f中产生很大的变动；观测数据y中微小的变动就能在解矢量x'中产生很大的变动。

人们尝试用合适的最优化算法进行观测地球物理响应与理论地球物理响应之间的匹配。设计这些算法的目的是使观测数据与计算数据之间的某种差异测量达到最小。大多数方案都是首先对模型参数作初始估计，据此可计算出初始模型响应。然后，用最优化算法产生一组调节或修正参数的估计值；接下来将这些修正参数“插入”理论模型，由此得到的新理论响应应该改善数据的匹配。如果情况如此，就说明反演是收敛的；否则，尽管已知的方法总是无效的，但有大量的替代方法来达到收敛的目的。因为模型响应通常是模型参数的非线性函数，所以有必要以迭代的方式完成这些运算；这就是说必须多次重复执行上述过程，直到理论响应和记录到的地震响应之间的吻合程度令人满意为止。

这两种响应之间的良好匹配提供的是使运算收敛于地下实际情况的必要条件而不是充分条件。如前所述，大部分运算所获得的解是非唯一的。事实上，可以证明，在规定的误差范围内，有一系列的解满足这些数据(Cary 和 Chapman，1988)。但是地球物理工作者能够约束这些解，使之向地下参数的先验知识靠近。这类约束可能是“硬的”(如在某一上、下层面之间密度和速度是确定的)，也可能是“软的”，可以用多维概率密度函数的形式表达出来，这里概率密度函数的维数等于描述给定模型参数的个数。描述模型参数先验知识的先验概率密度可以与所谓的“似然率函数”结合使用，似然率函数主要依赖于模型响应与观测数据之间的匹配。高斯曲线(钟形)是先验概率密度函数的简单的一维例子，其峰值对应于给定模型参数的最可能值，其宽度是对该模型参数可能值范围的先验估计结果的量度。这样就获得了给定反演问题的解的所谓后验概率密度分布。最后得到的多维后验概率分布的峰(可能是多峰)将揭示模型参数值的最可能分布。这些值转过来又应该在给定误差范围内产生满足观察数据的模型响应。Tarantola(1987)就是这种反演哲学的早期提倡者之一。他的思想是在英国统计学家Thomas Bayes(1973)的经典著作的基础上产生的，更新的文献将该方法称为“Bayesian反演”。有关这方面的深入探讨参见Duijndam(1988)，Gouveia和Scales(1997，1998)的文章，Scales和Snieder于1997年发表的一篇论文已对Bayesian反演的更广泛的含义作了深入的探讨。可以说，Bayesian反演在勘探地球物理界已经获得了广泛的应用，其未来前景会更加广阔。

反演计算的结果既取决于正演模型(其响应应该与观测数据相匹配)的选择，同时也取决于合适的最小化误差原则的选择。常规的方法是建立在累积最小平方误差(LSE)和累积最小绝对偏差(LAD)的基础上的。除误差标准的选择之外，通常也可采用光滑约束来避免解矢量中的虚假振荡(Constable等，1987)。

一般情况下，(广义)非线性问题是用给定最优化算法的迭代使用来求解的。问题是为了达到收敛于“正确”地下模型的目的，初始推测必须“接近”实际情况。更为常见的是，在分辨率与噪声抑制之间存在一种折衷：只有以降低噪声抑制效果为代价才能获得较高分辨率的解，反之亦然(Jackson，1972；Treitel和Lines，1982)。换句话说，总是在解的分辨能力与其响应拟合观测数据的能力之间寻求一个折衷。所以，目前已有不少人以极大的兴趣开发所谓的“全局优化”算法，这种算法起码在理论上能够产生使其响应与观测数据拟合得到很好的模型。在这些方法中要特别提一下遗传算法和模拟退火法(Smith等，1992；Sen和Stoffa，1995)，以及蒙特卡洛搜索法(Cary和Chapman，1988)。近些年来，人们用人工神经网络求解反演问题的兴趣也在不断增加(Calderon-Macias等，1998)。

2)常规反演方法

大量地震数据的处理都是以一维水平层状介质模型为基础的，即基于局部地质情况可以用一叠水平均匀平行地层(各层具有特定的密度、速度和厚度)来近似表达的前提。这种简单的地质模型允许人们用Dix公式，根据观测到的地震反射时间和已知的震源、接收器位置来估算层速度。换句话说，就是通过确定(根据观测到的旅行时)层速度用Dix公式求解地球物理反问题。Dix方法一直被广泛应用至今的事实说明了简单一维地下模型的能力和通用性。

水平层状介质模型还形成了我们所熟悉的共中心点(CMP)叠加方法的基础，在CMP叠加中，对同一炮检中点的一些地震道进行正常时差校正求和，产生一个逼近一维层状介质垂直入射平面波响应的求和道。本着这种数据处理方法，形成了一种由介质反射系数(即地下垂直入射、反射系数序列)与震源子波褶积给出的地震道模型，这在勘探地球物理界广为流行且获得了极大的成功。在这种情况下，一维反演方法的目标就是从CMP道中恢复反射系数的估计值以及地层厚度和各个界面上的阻抗差。

层状介质垂直入射、反射系数的估计几乎都是以Goupillaud模型(Goupillaud，1961)为基础的。这种模型包括一个所有地层都具有相等双程旅行时的分层体系。后来，Kunetz(1964)用Goupillaud模型提出了一种反演方法，根据层状介质脉冲合成地震记录产生了反射系数估计值，但是这种方法在实践中被证明是相当不稳定的。在当前的实践中，反射系数估计值是用更复杂的反演算法获得的。首先，人们对野外叠加地震道进行去混响处理，以衰减多次波的反射能量，然后进行信号反褶积，以获得垂直入射、反射系数。在这个过程达到卓有成效的程度后，由 Lindseth（1972、1979）、Lavergne 和 Willm（1977）提出的阻抗估计技术接着流行起来，变成了常规地震道反演方法。Lindseth 将这个方法命名为“Seislog”（拟测井），因为它能由观测到的 CMP 道产生连续的速度测井估计值。Oldenburg 等（1983）曾对“块状”或参数型拟测井做过介绍。实际上，对于许多应用地球物理学家来说，拟测井方法与地震反演是同义的。但事实并非如此，因为实际地震数据是有限带宽的和含有噪声的，而拟测井往往打破了这些限制。

3）新型反演方法

过去几十年中，反演理论在全球地球物理界获得了广泛、成功的应用。但勘探地球物理领域对这些新技术的接受和应用还是不如人愿的。除地震偏移方法外，地球物理工作者还要讨论地震旅行时反演（通常称为地震旅行时层析成像）和地震全波形反演等新方法。在旅行时反演中，人们对一组观测（拾取）旅行时与由一合适的正演模拟算法获得的旅行时进行迭代拟合，直到二者之间的一致性达到满意的程度为止。用于这种旅行时计算的正演模拟算法主要是 2D 或 3D 射线追踪方法。目前，这些算法有声波和弹性波两种形式，它们也能用来处理地震的各向异性问题。业已发现，旅行时层析成像在井间地震测量中能发挥重要的作用，如果在井间对某些给定的地层进行重复测量，就能动态监测两口或多口井间的透射速度层析图像，从而显示连井平面上的介质速度的详细变化。这些层析图像是所谓“时延”或 4D 储层监测的一个重要组成部分。旅行时反射层析成像还与地震偏移方法广泛地结合运用，以获得地震偏移速度的迭代估计结果。

显而易见，全波形反演[16]是旅行时反演的推广。这种反演不是将观测的拾取旅行时与计算旅行时相拟合，而是将全波形合成地震图像与全波形记录数据相拟合，无需进行旅行时反演情况下冗长的单个同相轴拾取。对于实际问题，全波形反演的运算量即使对现代计算机而言也显得过分庞大，这项激动人心的技术还得在勘探地球物理领域寻找日常的用途。Gouveia 和 Scales 最近（1997、1998）的研究清楚地表明，运算方面的障碍一经克服，全波形反演将会达到令人满意的结果。然而，将给定模型响应与数据的噪声分量相拟合是具有多解性的，这是全波形反演所面临的困难之一。尽管这对所有的反演方案都是一个问题，但对全波形反演尤为严重。

至此，反演的含义就是用一个正演模型（选择来模拟生成记录的特定物理过程）对各个地球物理数据集进行转换。如此，重力模拟算法可能生成一个与一组实测重力读数相匹配的合成重力场，地震波传播模拟器同样可以生成一套与一组地震野外数据道相匹配的合成地震记录等。很显然，反演就是对地球物理数据集进行转换，以获得额外的地下信息。问题是对多种地球物理数据的转换是联合进行好还是顺序进行好。在前一种情况下，地震数据和重力数据被同步拟合到其相对应的数据集；在后一种情况下，将从初始地震反演计算得到的构造信息作为确定重力场的构造模拟的输入，依此类推。在联合反演情况下一个重大的不可解问题是要给予各个数据集以相对的权数，目前尚无实现这一目标的客观方法。因此，这种权数选择必然带有很大的主观随意性。Lines 等(1988)曾对这个问题进行过较为详细的讨论，并对两种方法进行了举例说明。

4)未来的反演方法

前面阐述了现在地球物理处理技术中大多数都可以看成是解普遍存在的反演问题的尝试。随着地球物理处理技术的不断发展，反演方法在理论和运算方面的问题将显得更为重要。在当今勘探工业界，迭代地球物理反演尚未得到广泛使用，其原因是计算资源很少能满足这一要求。就像3D叠前深度偏移在当前终于成为经济可行的方法一样，上述新的反演算法走向繁荣的日子也为期不远了，它们将使地球物理学家不仅能够将观察结果转换成地下的构造形态，而且能够更详细地了解地下的物理、化学和地质特征。这些新技术获得广泛应用之日也就是地球物理反演理论在矿产和石油勘探中大放光彩之时。

从使用的地震资料来区分，地震反演可划分为叠前反演[17~25](基于旅行时的层析成像技术和基于振幅的AVO分析技术)和叠后反演(基于旅行时的构造反演和基于振幅的波阻抗反演)；从利用的地震信息来区分，地震反演可划分为旅行时反演和振幅反演；从反演的地质结果来区分，地震反演可划分为构造反演、波阻抗反演和多参数岩性(地震属性)反演；从实现方法上来区分，地震反演可划分为递推反演、基于模型的反演和地震属性反演。

地震反演方法基本上分成两大类，一类是建立在较精确的波动理论基础上，即波动方程反演。这类方法主要在理论上进行探讨，尚未达到实用阶段。另一类是以地震褶积模型为基础的反演方法，目前流行的都属于这一类。具体地说，它又分成两类：一类是由反射系数推算的直接反演法，如拟测井、道积分等；另一类是以正演模型(褶积模型)为基础的间接(迭代)反演法，如无井资料的广义线性反演、有井资料的宽带约束反演和基于模型地震反演等。

1.2.2 波阻抗反演技术

地震反演是储层横向预测的核心技术，在油气勘探开发的不同阶段，对于不同地质条件及研究目的，地震反演方法均有一定范围的适用性和针对性。

广义的地震反演包括了地震处理、解释的全部内容，通常意义上的地震反演是指储层地震反演或波阻抗反演技术[26,27]，与地震模式识别油气预测或神经网络预测储层参数相比，波阻抗反演具有明确的物理意义，是储层预测的一种确定性方法，这也是所谓的“电阻率反演”或“自然电位反演”到目前为止仍不能为地球物理学家所真正接受的根本原因。

储层地震反演于20世纪70年代后期提出，并于80~90年代得到迅速发展。最初人们将地震反演作为地震属性研究的一种手段，即所谓的波阻抗或速度属性。并且一直到现在仍有这种习惯。按照这一观点，波阻抗反演应是地震属性研究中迄今为止最受重视、发展最为完善、应用效果最明显的一种属性。并且它不但具有明确的地球物理含义，而且也具有显著的地质意义上的可解释性。在过去的30年中，SEG、EAGE等所属刊物或会议刊载地震反演方面的论文有近200篇之多，中文文献亦是如此。与此同时，国外先后推出道积分、seislog 、v-los、G-los、BCI、Strata、Jason、RM 等多种反演软件或软件包。其中，Seislog、Strata等在国内得到广泛的应用，Jason近年来也逐步得到推广，这些软件为国内油气勘探工作作出了很大的贡献。Emerge及西地所研制的SEIMPAR等软件将非线性方法用于储层反演中，取得了较好的效果。地震反演的内容也从波阻抗扩展到储层物性估计、多属性综合分析等方面，在面对实际地质问题时，尽管在波动理论上没有令人信服的基础，但非线性算法所带来的实用效果似乎更为重要。

几乎所有的波阻抗反演软件都是基于褶积模型而开发的，因此波阻抗反演相应地应该满足褶积模型的基本假设前提：

(1)地震模型。假设地层是水平层状介质，地震波为平面波法向入射，地震剖面为正入射剖面，并且假设地震道为地震子波与地层反射系数褶积。

(2)反射系数序列。在普通递推反演中，假设反射系数为完全随机的序列；而在稀疏脉冲反演中，假设反射系数由一系列大的反射系数叠加在高斯分布的小反射系数的背景上构成。

(3)地震子波。假设反射系数剖面中每一道都可以看作是地下反射系数与一个零相位子波的褶积。

(4)噪声分量。通常假设波阻抗反演输入的地震数据其振幅信息反映了地下波阻抗变化情况，地震数据中没有多次波或绕射波的噪声分量。

1)递推反演

递推反演[28]主要是通过反射系数序列递推计算地层的波阻抗，其递推公式为 $Z_i + 1 = Z_i\left(\frac{1 + r_i}{1 - r_i}\right)$。该方法的关键是反射系数的计算，反射系数通常由地震道与子波反褶积求得，所以子波及第一个点的波阻抗值直接影响反演的结果。

在递推反演中，反射系数的带限严重，低频及高频分量都损失了，因此必须从井资料或速度分析结果中补充低频分量。当地震道中包含相干或随机噪声时，递推反演会使误差不断累积而失真。由于地震频宽的限制，递推反演分辨率较低，对于较厚的相对稳定的储层该方法较为适用。

递推反演的优点是基本不存在多解性问题，对其他资料的依赖性小，反演速度也快。稀疏脉冲反演是基于稀疏脉冲反褶积的递推反演方法，包括最大似然反褶积、L1模反褶积和最小熵反褶积。该方法能由地震记录直接计算反射系数，但很难得到与井吻合很好的反演结果。

基于频率域反褶积与相位校正的递推反演方法回避了子波计算及反射系数欠定问题，以井旁道的反演结果与实际井的吻合度作为参数优选的依据，从而保证了反演结果的可信度和可解释性。

在勘探开发评价初期只有少量探井的情况下，通过递推反演可以推测目标地质体的成因类型，确定沉积体系和沉积相，估算砂泥比及确定主力砂体展布规律等。随着井资料的不断丰富，递推反演对于进一步描述储层物性、厚度的变化仍有重要的参考价值，对于一些特殊油藏，如砾岩油藏，递推反演结果可以为储层地质建模提供很好的软约束。

2）基于模型的地震反演

递推反演方法由于直接从地震记录中提取反射系数序列，势必会受到噪声、不良的振幅保持和地震资料带限的影响，而基于模型的地震反演方法补充了井资料中的高频信息和完整合理的低频成分，从而可以获得相对高分辨率的阻抗资料，为薄层储层预测创造条件。其基本步骤是：①层位及简单构造解释；②以井资料为基础插值初始模型；③采用扰动算法不断更正模型，直至正演结果与地震记录达到最佳的吻合。

由于整个计算过程是以井作为参照标准的，所以又称为测井约束地震反演[29~36]。也正是由于加入了井的高频信息，而这些信息又是地震有效频带之外的信息，地震对这部分信息实际上是起不到约束作用的，这就导致了反演结果的多解性。这种多解性往往表现为：①储层分布样式的多解性；②不同频带范围的多解性。所以说反演结果的分辨率是不完全真实的。实际反演过程中通过储层横向变化的时距有限性来压制这种多解性，取得了较为明显的效果；另外，必须从层位解释，初始模型的建立及子波提取等多方面共同努力，将高分辨率层序地层学方法引入基于模型的反演之中也是基于这样的考虑。

3）地质统计反演和随机反演

地质统计反演方法[37~48]最初由 Bortoli 等及 Hass 等提出，但总的来说，涉及这方面的文献还是很少的。其中，具有代表性的软件为 Jason，我国在 1997 年左右引进 Jason 软件，目前在部分油田已开始推广使用。

目前所使用的地质统计反演实际上是以像元技术（相邻两值间的统计关系作为地质约束）和序贯模拟算法为基础的储层模拟方法，从反演的角度，最佳的实现仍需满足褶积模型，即地震资料的三维约束。

地质统计反演的基本算法为：

（1）随机地选取一个地震道（x，y）；

（2）利用地质统计方法模拟出一道的声阻抗序列 AI；

（3）计算 AI 的合成地震记录，并与实际地震记录相比较直至最佳匹配；否则退回到第（2）步骤；

（4）模拟下一道，直到算完所有的地震道。

真正体现地质统计学的是第（2）步骤，在生成一道波阻抗时，必须由井的数据，根据声阻抗直方图和变差函数来插值待模拟位置的数值。这时候必须考虑储层的各向异性，特别是垂直和水平方向参数变化的不一致性。垂直方向的变差函数可由井的数据归一化后统计得到，水平方向的变差函数则由地震资料的水平切片统计。井资料实际上只是作为插值的已知点出现，那么反演结果井旁道未必与井完全一致，除非已经获得了非常理想的井的合成记录。不同研究者使用地质统计反演方法的区别主要为：①时间域或深度域的模型，深度域模型须在第(3)步骤转入时间域；②第(2)步骤中使用不同的地质统计算法，如简单克里金、协克里金(综合其他资料，如地震属性)、顺序指示克里金法或序贯高斯模拟(SGS)等。对地震资料而言，井成为稀疏资料，若仅以井资料来统计变异函数则在表征储层非均质性时存在能力上的很大缺陷。递推反演虽然分辨率较低，但它对统计变差函数已经足够，并远远优于井的统计，因此可以从递推反演数据体中提取任意方向的变差函数从而提高反演的精度。

另一方面，由地质统计方法得到的模拟地震道本身存在显著的光滑效应，所以在第(3)步骤出现条件不满足时再返回第(2)步骤重新求取一道，实际上运算成本会大大提高。结果仍然是一个光滑模型，因此可以在光滑模型的基础上与随机反演相结合，只要随机道满足所要求的分布即可。

地质统计反演的实质也是基于地震道模型反演，只不过这种模型是通过地质统计方法计算的，并且模拟的顺序也不同于常规的地震反演方法，当然换来的也包括了计算速度的减缓。另外，其特色之处在于使用地质统计方法来表征储层的非均质性，这在 Strata 软件中是无法实现的，后者使用简单线性内插来建立初始模型。所以，地质统计反演在预测陆相储层时应有其优越性。但关键的问题是描述精度有赖于变差函数的表征能力。使用多种地震属性可以弥补这一方面的不足。并且，通过不同属性与物性之间的关系，可以达到对物性分布的某种估计，从而避开了反演的理论基础问题。

随机反演[49~54]的基本算法与地质统计反演在实质上没有什么区别。有时甚至认为二者就是一回事，在 Jason 软件的 stratmod 模块中，这部分内容也没有作严格的区分。整体思路仍是用序贯指示模拟、序贯高斯协同模拟或顺序指示模拟。基本的反演过程为：

(1)用 SGS 或以 SGCS 或 SIS 方法模拟每一个网格点的数值；

(2)随机选取一个结点；

(3)估计该结点的局部条件概率分布；

(4)从条件概率分布中随机选取一个值；

(5)计算该结点上的合成地震记录，有改善则接受；

(6)重复(2)~(5)步骤直到得到满足条件的合成地震记录。

地质统计反演或随机反演的真正优势是它能够适当反映地层分布的一定的规律性和随机性，并且对这种不确定程度作出定量的评估，在反演结果的分辨率上有提高的空间。序贯协同模拟算法又可以允许建立除了波阻抗模型以外的储层地质模型，这是常规反演方法所难以实现的。因此，对于提高油藏数值模拟的最佳拟合水平和储量的预测精度有重要意义。

随机反演的逻辑基础是基于模型反演的多解性，而随机储层模拟的目的也正是为了弥补确定性建模中所缺乏的适当的不确定性，地震资料作为三维空间的约束条件将随机建模与随机反演技术紧密结合在一起，这也正是今后两种技术发展的一个主要趋势。从更深层次上讲，这一发展为将地震资料更好地服务于油气田的开发指出一个方向，并服务于提高采收率这一根本宗旨。

4)非线性反演

目前，叠后储层地震反演中普遍存在的问题有：①分辨率低；②多解性严重；③外推预测精度低；④多井处理的闭合问题；⑤如何预测波阻抗以外的储层参数。产生这些问题的主要原因有：①地震资料的带限性；②子波提取的精度；③褶积模型的运用性；④反演约束条件的缺乏。

针对上述问题，近年来提出的非线性反演方法[55~58]避开褶积模型，而直接从地震数据中提取参数(属性)，通过神经网络算法(主要是 PNN)映射所求的储层参数。这类方法不仅可以求波阻抗信息，还可以预测电阻率、伽马等测井曲线和孔隙度、渗透率、饱和度等储层参数。非线性反演的基本假设是地震数据与储层参数之间具有(高度的)非线性关系，即使是像波阻抗这样具有明确物理意义的参数在这里也被看作没有任何标记的数字。通过对已知数据集训练后一旦确定了映射关系(各种阀值)，那么所得到的解就是唯一的，因此从某种程度上讲反演结果具有对方法的确定性，并且克服了分辨率的限制和闭合问题。这样该方法在井资料较少(但不可太少)的地区、薄储层问题、复杂地质条件下就具有更好的适用性。

非线性反演在 Geoview 软件的 Emergem 模块中，用 PNN 计算储层参数是在常规的基于模型的反演之后进行的，这样做可以使反演波阻抗中提取的属性与预测参数之间具有相对明确的关系。然而由解释过程及模型反演的固有缺陷所带来的误差可能会影响最终结果，并且对研究工区而言，进行一次常规反演也需要较多的成本。因此直接从地震数据中提取地震属性，通过各种属性与待预测参数之间的相关程度筛选敏感属性，采用 PNN 方法预测参数要相对便捷一些。非线性储层参数反演是一项全新的地震储层表征方法，并且会在今后得到更进一步的快速发展。运算缓慢是该类方法应用过程中的一大障碍，由非线性关系的适用性导致的反演结果与实际地质目标之间的差距是降低预测能力的根本原因，并且这种误差通常是很难估计的。如果能与其他资料综合使用，其对油藏描述的作用会更大。

1.2.3 地震属性技术

1)地震属性的概念及发展

地震属性[59~92]是对地震数据几何学、运动学、动力学或统计特征的具体测量。有关地震属性的研究及应用已有几十年的历史，从 20 世纪 60 年代的直接烃类检测、亮点技术到 70 年代和 80 年代在石油勘探中使用最多的基于振幅的瞬时属性，及 90 年代地震属性技术在不少方面已取得巨大的进展，尤其是经过近几年的迅速发展，地震属性已成为油藏地球物理的核心技术之一，在勘探地震与开发地震之间起到了桥梁的作用。

地震属性的诞生归功于 60 年代末期数字化记录技术及由此而发现的亮点技术，最初的地震属性包括振幅、相位、频率、极性。

多属性分析技术出现于 80 年代中期，目的是为了同时分析多种属性。多维属性(如倾角、方位、相干)则出现于 80 年代末至 90 年代初，这一进展导致了 90 年代的三维连续性地震属性技术的发展。

1977 年地震地层学的诞生(AAPG memoir26)对地震属性技术具有十分重要的影响：①地震地层学能从根本上赋予地震属性以科学的涵义；②促使通过地震属性技术进行地震相的识别。70 年代后期到 80 年代，地震地层学解释迅速发展并得到广泛应用。根据不整合面来划分地震相，分析地震反射特征，确定地震相类型并作岩相转换，这是地震地层学分析的基本方法。分析中使用三瞬剖面处理技术，一个复地震道可以表示为实部和虚部，实部是地震道，虚部是地震道的希尔伯特变换。复地震道的模量称为瞬时振幅，复地震道的幅角称为瞬时相位，而瞬时频率则是复地震道幅角对时间的导数。这是 3 个基本瞬时属性，并由此可以导出其他许多相关的属性。这类地震属性在过去的 30 年间使用很广泛。瞬时振幅和瞬时频率用于岩性解释，瞬时相位用于检测地层的接触关系。

地震属性在应用过程中也存在一些问题，最典型的是不少地震属性的物理意义明确，但地质涵义却是模糊的。影响地震属性应用的因素是多方面的：多数属性与地质资料之间无法建立直接的关系；在属性的提取过程中，有用的信息与无用的信息混合在一起而难以区分，从而影响到属性作用的发挥等。Barnes 认为对地震属性的定义应出于地质方面的意义，而不是从数学的角度。这也反映了研究地震属性的真正目的是要解决油气田勘探开发过程中所遇到的地质问题。

总之，地震属性技术已从单道瞬时同相轴属性发展到多道分时窗地震同相轴属性，并生成地震属性体提取属性的方法。除了传统的频谱、自相关函数、复数道分析及线性预测等方法外，分形、小波变换等方法也被用于地震属性的提取；其应用也从简单的检测振幅异常发展到流体前缘随时间变化的监测，从而丰富了地球物理技术在现代石油工业中的应用价值。如今地震属性技术在构造解释、储层表征、地震相分析、油藏流体、岩石物性、储量计算、甚至储层裂缝、油藏监测等方面均有广泛的应用，并且不乏成功实例。

2)地震属性的类型

随着对地震属性研究的不断深入，可供选择的属性种类也越来越多，这一结果也必然导致地质学家在选择合适的地震属性时产生疑惑。最根本的原因是，作为地球物理学家通常将地震属性、数据体或图件作为最终的研究成果，如何使用这些属性似乎就应该是地质学家的工作了。而使用这些属性信息的地质学家们往往又缺乏对属性与地下岩石物性异常之间关系的深入理解，以及对由地震处理造成的属性增加或破坏作用缺乏正确的评估。这种属性的提取与应用之间的脱节正成为目前限制地震属性在油气勘探开发工作中发挥更大作用的一个十分关键的因素。

Chen(1997)等详细论述了涉及同相轴属性和属性体中的瞬时地震属性的表述及适用对象。根据地震波动力学特性将地震属性分成 8 个大类：振幅、波形、频率、衰减、相位、相关、能量、比率。并依据不同的储层特征进行了地震属性归类：亮点与暗点、不整合圈闭断块、含油气异常、薄储层、地层不连续性、灰岩储层与碎屑岩储层之间的差异、构造不连续性、岩性尖灭等。这一研究对于面对不同的油藏地质条件和研究目的，合理地选择最有效的地震属性具有重要指导意义。

由于地震属性近年来呈激增的趋势，对属性的分类也有不同的观点。毫无疑问，过分复杂或细致的划分与众多的属性类别一样会让人难以适从，例如能量可以归入振幅类，相关可以归入波形类等，这些属性从根本上可以归为4类：时间、振幅、频率、衰减，这也是地震数据的基础信息。

时间属性通常可以提供有关构造方面的信息，振幅属性能够提供与地层及储层有关的信息。频率属性相对比较复杂，目前理解不一，但它更可能与储层特征有关，如含油气性、储层厚度等。有关衰减方面的属性目前使用较少，它有可能在指示渗透率方面有所作用，另外也可以反映裂缝性储层的某些特征。

我们所使用的绝大多数地震属性是从常规的叠加和偏移二维数据体中提取的。事实上有些信息，如与方位有关的信息，会在处理的过程中受到削弱。因而有时亦应重视叠前数据的地震属性研究与应用，AVO分析就是一个典型的例子。Rietveld等(1999)通过比较叠前、叠后地震相干性和振幅的变化发现，三维叠前时间或深度偏移成像能够大大增强地震属性的保真度，使得地质现象(如断层、河道、古岩溶)边界的成像更为清晰。

1.2.4 相干体技术

地震相干体技术[93~102]近年来得到了广泛应用，并且大量用于油气勘探中。该技术在断层识别、特殊岩性体的解释方面较常规三维数据体具有显著的优势。相干体技术通过叠后地震数据体来比较局部地震道波形的相似性，相干值较低的点与反射波波形不连续性相关，对相干数据体做水平或沿层切片平面图，可揭示断层、岩性体边缘、不整合及裂缝等地质现象(图1-1)，为解决油气勘探中的特殊问题提供有利依据。

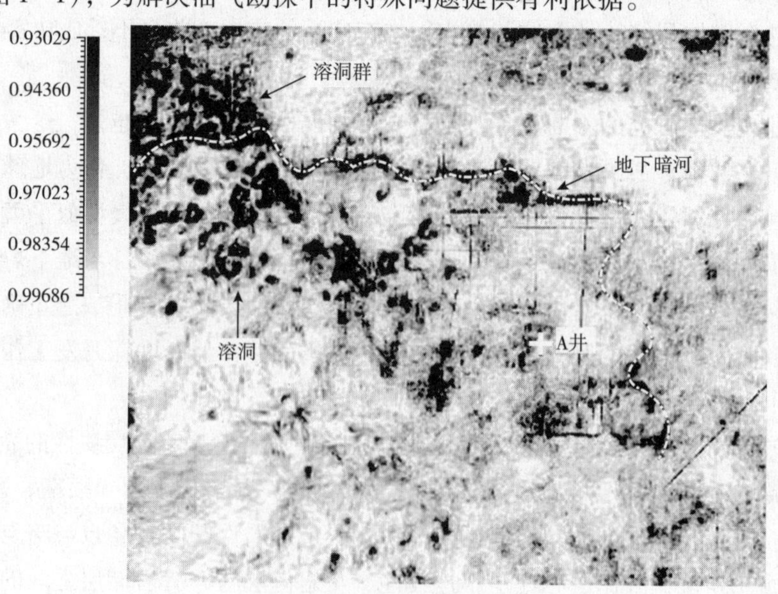

图1-1 M区茅口组岩溶储层沿层相干切片平面图

在反射波法地震勘探中，由震源激发的脉冲波在向地下传播过程中，遇到地下地层之间的波阻抗分界面时，根据反射定理和透射定理，会发生反射和透射，形成地震波。地震波在横向均匀的地层中传播时，由于各相邻道的激发、接收条件十分接近，反射波的传播路径与穿过地层的差别极小，故对反射波而言，同一反射层的反射波走时十分接近，同时表现在地震剖面上是极性相同且振幅、相位一致，称为波形相似。相干数据体技术正是利用这种相邻地震信号的相似性来描述地层和岩性的横向不均匀性的。具体地说，当地下存在断层时，相邻道之间的反射波在旅行时、振幅、频率和相位等方面将产生不同程度的变化，表现为完全不相干，相干值小；而对于横向均匀的地层，理论上相邻道的反射波不发生任何变化，表现为完全相干，相干值大；对于渐变的地层，相邻道的反射波变化介于上述两者之间，表现为部分相干。根据相干算法，对偏移后的地震数据体进行逐点求取相干值，就可得到一个对应的相干数据体。自从 1995 年 Bahorich 和 Farmer 提出相干体算法以来，已从第一代基于互相关的算法 C_1、第二代利用地震道相似性的算法 C_2 发展到第三代基于特征值计算的算法 C_3。

1）第一代相干数据体计算（C_1）

$$C_{12}(m) = \sum_{i=t+\frac{k}{2}}^{t-\frac{k}{2}} x(i)y(i-m) \tag{1-1}$$

式中，k 为时窗长度；m 的大小与地层的倾角大小有关。

时窗大小的选择必须适当，k 值过小，干扰的影响大；k 值过大，相干值之间的差别减小，不利于小构造识别，同时计算量增大。一般地，取 k 值为 $\left(\frac{1}{2} \sim 1\right)T^*$（$T^*$ 为视周期）。

$$C_{11}(m) = \sum_{i=t+\frac{k}{2}}^{t-\frac{k}{2}} x(i)x(i-m) \tag{1-2}$$

两道自相关函数分别为：

$$C_{22}(m) = \sum_{i=t+\frac{k}{2}}^{t-\frac{k}{2}} y(i)y(i-m) \tag{1-3}$$

（1）二维两道 C_1 算法。

在二维地震剖面选取相邻两道逐点求取 C_1 相干值，计算公式为：

$$C_1(m) = \frac{C_{12}}{(C_{11} \cdot C_{12})^{\frac{1}{2}}} \tag{1-4}$$

自动搜索 m 的值，计算得到最大的 C_1 作为该点的相干值。

$$C_1 = \max C_1(m) \tag{1-5}$$

（2）三维多道算法。

三维情况要比二维情况多考虑一个方位角。三维三道的相干计算公式为：

$$C_1(m,n) = \left[\frac{C_{12}}{(C_{11}\cdot C_{22})^{\frac{1}{2}}}\cdot\frac{C_{13}}{(C_{11}\cdot C_{33})^{\frac{1}{2}}}\right]^{\frac{1}{2}} \tag{1-6}$$

式中，n 值的大小与地层的方位角有关。

分别自动搜索 m、n 的值，使计算所得到的最大值作为该点的 C_1 相干值。

$$C_1 = \max C_1(m,n) \tag{1-7}$$

对多道情况：

设有 J 道地震数据，则计算公式为：

$$C_1(m,n) = \left(\prod_{j=2}^{J}\frac{C_{1j}}{\sqrt{C_{11}\cdot C_{jj}}}\right)^{\frac{1}{J-1}} \tag{1-8}$$

$$C_1 = \max C_1(m,n) \tag{1-9}$$

2)第二代相干数据体计算(C_2)

$$C_2 = \frac{\sum_{m=n-\frac{N}{2}}^{n+\frac{N}{2}}\left(\sum_{j=1}^{J}d_{jm}\right)^2}{J\sum_{m=n-\frac{N}{2}}^{n+\frac{N}{2}}\sum_{j=1}^{J}{d_{jm}}^2} = \frac{u^TCu}{Tr(C)} \tag{1-10}$$

式中，$d_{jm} = d_{jm\Delta t}$ 为地震数据，u 为归一化向量，可以由特征向量 v_j $(j=1,\ 2,\ \cdots,\ J)$ 正交形成，即

$$u = v_1\cos\theta_1 + v_2\cos\theta_2 + \cdots + v_J\cos\theta_J \tag{1-11}$$

故有：

$$C_2 = \frac{u^TCu}{Tr(C)} = \frac{\lambda_1\cos^2\theta_1 + \lambda_2\cos^2\theta_2 + \cdots + \lambda_J\cos^2\theta_J}{Tr(C)} \tag{1-12}$$

3)第三代相干数据体计算(C_3)

对于数据体中的相干计算点，设样点号为 n，给定按一定方式组合的 J 道数据，取时窗长度为 N(N 取奇数)，定义协方差矩阵 C 为：

$$C(p,q) = \sum_{m=n-\frac{N}{2}}^{n+\frac{N}{2}}\begin{bmatrix} d_{1m}d_{1m} & d_{1m}d_{2m} & \cdots & d_{1m}d_{Jm} \\ d_{2m}d_{1m} & d_{2m}d_{2m} & \cdots & d_{2m}d_{Jm} \\ \cdots & \cdots & \vdots & \cdots \\ d_{Jm}d_{1m} & d_{Jm}d_{2m} & \cdots & d_{Jm}d_{Jm} \end{bmatrix} \tag{1-13}$$

式中，$d_{jm} = d_j(m\Delta t - px_j - qy_j)$ 为对应的地震数据，p 和 q 为视倾角。对于每一组 p、q 值，都可以利用 J 道(空间组合)、N 个点的小数据体的信息来提取该计算点的相干属性值，由于协方差矩阵(1－13)是对称的半正定矩阵，当原始数据矩阵的元素不全为零时，可以计算出它们的 J 个非负特征值，定义式(1－14)为第三代相干体的相干值：

$$C_3 = \max C(p,q) = \frac{\lambda_l}{\sum_{j=1}^{J}\lambda_j} = \frac{\lambda_l}{Tr(C)} \tag{1-14}$$

式中，分母是矩阵的迹，代表了协方差矩阵的能量，$Tr(C)=\sum_{i=0}^{J}\sum_{j=0}^{J}C_{ij}$，这里 $C_{ij}=\sum_{m=n-\frac{N}{2}}^{n+\frac{N}{2}}d_{im}d_{im}$；分子是最大特征值，代表了优势能量。对于每一个时间点，在给定的视倾角范围内，计算不同 p、q 时的相干值，取其中最大的相干值作为该点最终的相干结果。

实际计算时，为了提高运算速度，特征值可采用乘幂法计算，矩阵 C 的迹及各元素的和可用递推法计算。大量勘探实践经验表明，使用相干技术可以预测裂缝、岩溶、岩性体(如礁滩)或断层的展布形态及分布位置，地质效果相对明显。

1.2.5 三维可视化技术

从20世纪80年代末开始，地震勘探三维可视化技术[103,104]得到了快速发展。通过20多年的研究开发，出现了一批可视化应用软件。国外比较著名的软件有Landmark公司的EarthCube和OpenVision、GeoQuest公司的GeoViz以及DGI公司的EarthVision等，它们都是基于Unix平台开发的软件，基本上代表了当今地震勘探三维可视化应用的最高水平。但是，近几年来，随着微机软、硬件技术的不断发展，微机的运算速度和数据处理能力已大幅度地提高，硬件成本低，加之微机平台的Windows NT和Linux操作系统稳定性强，操作相对简单，普及面较广。所以，方便、快捷、经济的微机解释系统也发展迅猛，微机解释系统经过近几年的发展和应用已逐步在各油田公司得到广泛推广。其中，具有代表性的微机解释系统有SMT(V7.4)、EnEn2004、Discovery等，它们的三维可视化功能和速度甚至超过了基于Unix平台开发的软件。总之，地震综合解释系统软件在Unix平台、Windows和Linux平台都得到较快发展。硬件方面：由大型工作站向微机平台、PC集群方向发展；软件方面：可将二维地震、三维地震、测井曲线、地质分层、井轨迹、网格化层面、断层面、各种地震属性等进行完整的三维立体显示，还可以对解释方案进行实时修改或检验，用户可以利用鼠标对地质目标进行旋转和放大来观察，直观便捷。同时，利用三维可视化雕刻技术、探测器等功能对各种特殊地质体如河道、透镜砂体等进行描述，通过透明度参数的调节来直观地描述储层，并在三维立体空间中直观地显示。国内外各油田均积极发展三维数据体储层透视技术，使其在实际勘探开发工作中得到了广泛的应用。这样可以提高地震勘探和钻探的准确度和成功率，同时它也是地震成像处理的重要技术基础，对石油勘探开发起到至关重要的作用。

三维可视化技术主要是基于以下的基本原理：数据体可视化以体素为基础，每一个数据样点被转换成一个体素Voxel(一个大小基本代表面元和采样间隔的三维像素)，每一个体素具有一个与原数据体相对应的数值，一个RGB(红绿蓝)值以及一个不透明度变量[图1-2(a)及图1-2(b)]，这样每一个地震道被转换成了一个体素队列。通过不透明度变量可以对体素队列进行透明度调节，以透视并解释三维模型。

三维可视化技术的应用主要表现在以下几个方面：

(1)数据快速浏览。通过设置不同透明度，在解释工作开展前观察整个三维数据体，

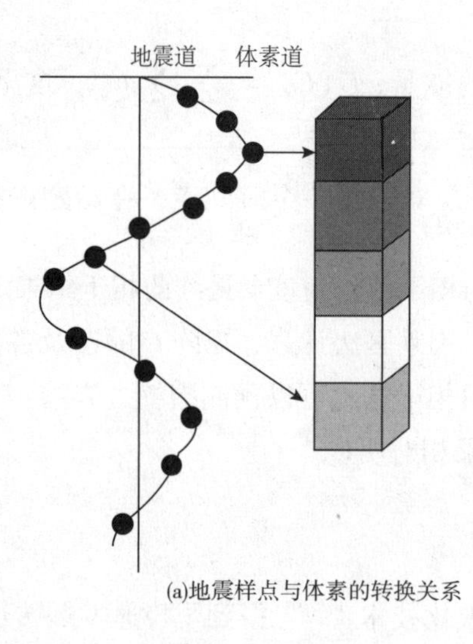

(a)地震样点与体素的转换关系

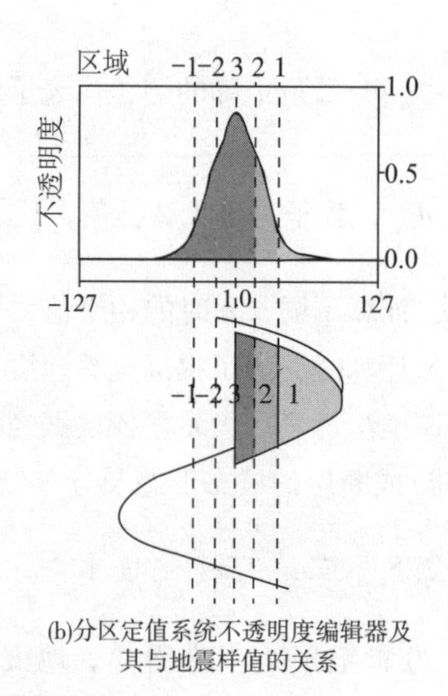

(b)分区定值系统不透明度编辑器及其与地震样值的关系

图1−2　三维可视化技术基本原理图

大致了解各个目的层的构造形态和断层的发育方向。

(2)地层学解释(岩性可视化)。确定沉积环境和勾画出预期的地震相，采用时窗法作体可视化显示，透视出数据体中所包含的特殊地质体信息，这类解释结果用常规解释手段无法实现。

(3)构造可视化。快速显示细微和复杂的断层形式，不受解释者主观因素的影响，而客观地揭示地震记录存在的断层(图1−3)。

(4)振幅可视化。用高截不透明度滤波器或自动追逐探测法快速透视高振幅反射。

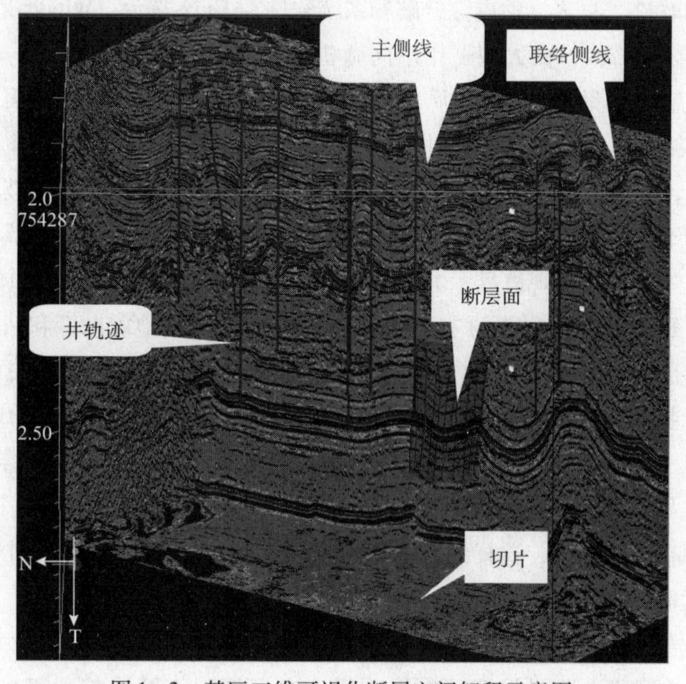

图1−3　某区三维可视化断层空间解释示意图

(5)多维(多属性)体可视化。用多属性数据体，如振幅体、相干体、波阻抗体、频率体等置于同一空间进行综合解释。

(6)目标体探测。三维空间透视雕刻，突显特殊地质体。

另外，利用三维可视化技术还可以实施对层位及断层解释的结果进行再次解释或验证，效果相对较好。

1.2.6 振幅特征分析技术

一般情况下，也常常使用地震剖面上的反射振幅的信息来进行储层预测。如所谓“亮点”[105~108]指的是地震相对保持振幅剖面上，振幅相对很强的一些“点”，即很强的反射，也称“热点”，通常这些亮点应该位于研究区的储层段才能有效。亮点可能是由油气藏引起的，也可能源于其他因素。根据地震剖面储层段上有无亮点及亮点的分布，分析亮点附近反射波的特征，结合各种地层参数信息，可以直接判断地下是否有油气存在。亮点一般在含油气目的层、侵入岩、膏盐层的地震剖面上显示突出，当然应用亮点技术来识别油气层具有多解性。

亮点勘探技术对处理技术有很高的要求，做好地震数据的保真处理是利用亮点勘探技术来寻找油气藏的先决条件，但是做好地震数据的保真处理是一件很难的事情。不同的处理流程，不同的处理参数，不同的处理人员，不同时间处理的地震数据的地震波振幅都可能不一样，甚至存在较大的差别，这也说明利用地震波的反射振幅来预测烃类存在比较严重的多解性。

经过大量的勘探实践发现，在地震勘探技术发展的现阶段，地震剖面上有 8 种较多见的油气显示地震信息，现分述如下：

(1)亮点与亮点剖面特征(低速)。

①相比两侧同一反射波同相轴，储层段的强反射振幅特征突出，形成“粗、黑”的强振幅剖面特征——直观、表面特征，如普光地区的飞仙关组及长兴组礁滩相储层的亮点反射特征(图 1-4)。

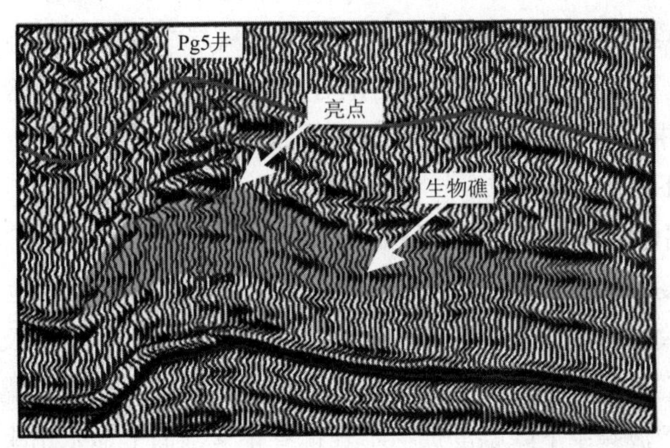

图 1-4 海相含气白云岩储层的地震反射亮点示意图

②在理论上，整个含油气储集层段的地震反射波同相轴组合特征成“透镜”或“眼睛”状，由于地震波传播过程影响条件的复杂性，一般情况下该类特征不突出，甚至很难看到，尤其在陆相储集层厚度较小的条件下，“透镜”状地震反射波同相轴组合特征更难看到。

③在理论上，亮点出现在油气储集层的底界面上。

④在聚集了油气的储集层顶界面上，有时会出现类似“亮点”的强反射，这种强反射同亮点的根本差别是：只有当储集层与盖层的波阻抗差值大于正常状态下(储集层未聚油气)的波阻抗差值时才出现，但相位差180°，这类强反射两端出现了相位转换(极性反转)。在聚集了天然气的储集层顶界面上多出现这种反射特征，任何情况下，在聚集了油气的储集层底界面上都不可能出现这种特征。

⑤火山岩层的顶界面都具有亮点反射波，但“亮点”位置及其伴随特征与油气储层相反。

(2)暗点与暗点剖面特征。

①暗点永远出现在储集层的顶界面反射中，它与储集层的底界面亮点反射轴组成“透镜”或“眼睛”状波组外形。

②相比“暗点”两侧同一反射波同相轴，储层反射的弱振幅特征极其突出，在两侧强反射波同相轴间，由渐变到见不到同相轴状态。

③任何情况下，在聚集了油气的储集层底界面上都不可能出现这种特征，与火山岩正好相反。

(3)“平点”与平点剖面特征。

①流体的存在状态决定了平点永远具有水平产状的特点(在一些情况下也出现倾斜的平点是由于流动的地层水作用)。

②依理论推理，在平点的中心部位应出现“下凹”的同相轴下弯现象，原因是这里的油气充满高度最大(速度降低，时间增大)。

③在平点反射波同相轴与油气层顶面反射波相交处，将发生振幅增大或减小等波的“干涉”现象，干涉点在响应流体的分界线(面)与储集层的顶界面交点处，也是储集层的顶界面反射中“暗点”或“相位转移”出现的地方，如四川盆地某勘探区内的须二段砂岩含气储层(图1-5)具有平点+亮点特征。

④在任何情况下，平点是亮点。

(4)油气储集层的的低频反射波特征。

储集层的孔隙度和储集层中的石油、天然气等流体都具有吸收地震波高频成分的能力，高频成分被吸收的数量与储集层的孔隙度、石油、天然气等流体及其充满程度成正比关系，但在一般地震剖面上不多见。因为在多种因素制约下，正常聚集条件和油气的一般聚集程度造成的地震波频率下降幅度远达不到现有正常剖面上显示出来(分辨率为50Hz)，只有当储集层聚集条件相当好(孔隙发育)、聚集流体充满程度相当高、吸收地震波高频相当强的条件下，低频特征才有可能显现出来。

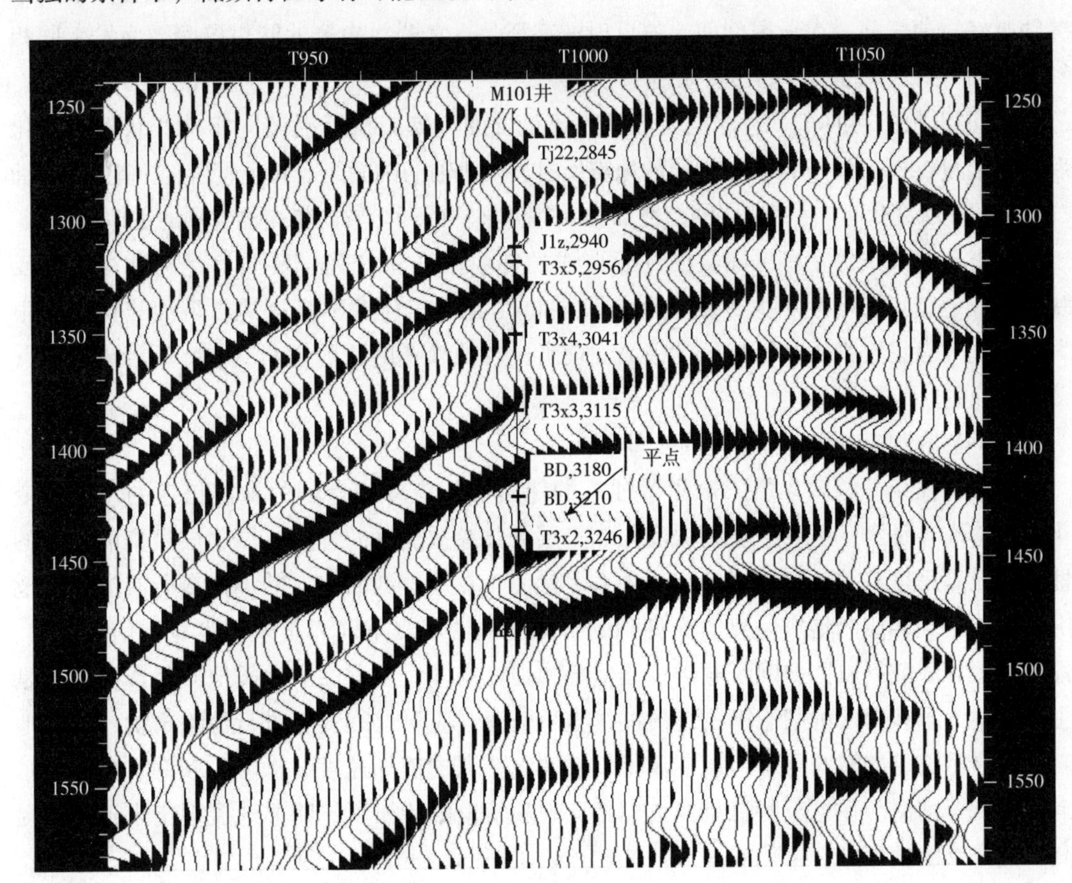

图 1-5 陆相含气砂岩储层的地震反射平点示意图

(5)极性反转特征。

在油气藏顶界面反射强度由“暗点”变为“亮点”的条件下，油藏外边界部位出现的一种地震负反射特征。

(6)聚集油气的储集层部位地震同相轴的形变特征。

这是油气层在特定条件下的地震反射波同相轴特征：在油气藏(储集层)厚度不大，且单独存在时；油气藏的油气柱很大时；在储集层特定的地质条件下，聚集的油气对它的物性改变程度不高或极高时等。在其特定的部位地震反射波发生了相应的形态变化：使油气藏底界面反射波同相轴出现“曲率”变小，甚至形成“负背斜”；在其翼部发生“台阶式”转折等。在地震剖面上常见的特征是：

①倾角变化特征。油气藏底界面反射波同相轴的倾角从某点开始向上倾方向变小，甚至变成“水平”产状。反射波同相轴的这种变化，反映了在储集层的倾角不大或油气的充满程度不高或油气层厚度不大等条件下，聚集的油气对储集层地震波速度影响而形成的各种相应地震信息相互叠合的表现。

②负背斜特征。它是聚集油气使储集层倾角发生变化达“极点”之后，进一步发生变化

的一种表现形式，是一种特例。多见于储集层厚度较大、聚集油或气的厚度也较大、储集参数极好的油气藏，在地震剖面上的反射波特征是：在背斜构造的储集层底界面发生同相轴的大幅“下凹”现象，甚至为“杂乱”反射。

③同相轴的“喇叭口”组合剖面特征。这是含油气储集层反射波同相轴产状发生变化后，与上覆（或下伏）不含油气地层的地震反射波同相轴的剖面组合特征（实际是储集层含油气之后的产状变化），在储集层的上覆部位，“喇叭口”的开口方向指向油气藏的主体部位。

储集层储集条件变好、储集油气等造成的储集层产状变化，实质上是两种极端的反映：其一是储集层厚度不大，油气对储集层物性的影响程度不高；其二是油气柱高度很大、油气对储集层物性的影响程度极高。前者出现油气藏的反射倾角变小，后者出现油气藏底界面的“负背斜”。

（7）特征地震剖面上的地震油气显示。

聚集特征变好的储集层，聚集了油气的储集层都应有相伴随的地震信息的产生或变化。理论推导认为，这种信息的强度与储集层聚集参数变好的程度、储集层聚集的流体的性质和充满程度有关，且互成正比例关系。然而，在地震剖面上，并不是在所有油气藏范围内都能见到相应的地震信息，能见到的部分也随油气藏不同而出现油气显示信息数量、性质的差异。究其原因，除了这类地震信息的强度之外，多方面的地震地质因素的干扰是主要的。为了获得这种状态下的地震油气显示信息，应对地震资料进行消除干扰、突出地震油气显示信息的特殊处理，以期获得反映油气特征的诸如速度、振幅、频率、亮点、暗点、平点等信息。在这类特征剖面上，相应地震信息的特征可被明显地展现出来，从而提高研究成果的精度。

（8）储集层聚集质量变好部位与聚集了油气部位地震信息比较。

储集层的聚集条件在横向上变好和储集层聚集了油气，对它们之中传播的地震波影响是相同的（形式和变化方向），它们都要使相应部位的地震波速度下降，形成由此伴生的各种地震信息，但其影响程度的差异也是客观存在的，由此产生了在地震剖面上的差异。

在连续的储集层中，聚集参数的横向变化主要形成于储集层沉积时期沉积条件的横向变化和后期成岩作用的横向差异。储集层聚集条件的这种变化历程证实：它的聚集参数的横向变化是渐变的，基本上不存在突变的界线。在这种变化形式的作用下，相应的地震信息特征在横向上并不明显。

储集层中聚集了油气对储集层物性的影响后果特别明显：①油气等流体永远聚集在储集层的顶部，并有明显的流体底界面；②不同流体之间的分界线明显。流体对储集层物性影响具有突变性，共存于同一储集层中不同性质的流体对储集层物性影响的“顺序”明显、界线清晰等。这种影响的“突变性”使随之产生的地震信息特征突出，与未聚集油气储集层的相应变化形成明显对照。储集层聚集物性在横向上的变化、储集层内部充填油气对储集层物性影响方向相同，伴生地震信息性质相同，但影响程度有差异，储集层内部充填油气对储集层物性影响（地震油气显示）较大。

1.2.7 地震相分析技术

地震相[109~118]主要利用地震资料神经网络波形分析进行，可以相对提高地震相分析的可信度。运用人工神经网络分析、解释的层位数据及断层资料等，实施针对研究区内的目的层或目的区段，开展层间属性研究和地层特征描述，突破了只能进行构造解释的常规地震解释模式，最大限度地体现地震数据的价值，为多学科的综合研究提供便利条件，从而提高解释精度，降低钻探风险。

地震相是对特定沉积体的地震响应，即当沉积相单元发生变化时，其地震反射特征(包括波形、振幅、频率、相位、积分能谱、时频能量等)也必定发生变化。基于波形的地震层段的地震相分析是利用自组织的人工神经网络技术对选定的目标层段进行分类、学习、记忆和分析，借助无导师学习过程建立合成模型道，这些模型道代表了目的层段内地震道形状的变化，然后通过自适应试验和误差处理，在模型道和实际地震道之间寻找最佳的相关性，得到地震波形异常及地震相平面图(图1-6)。

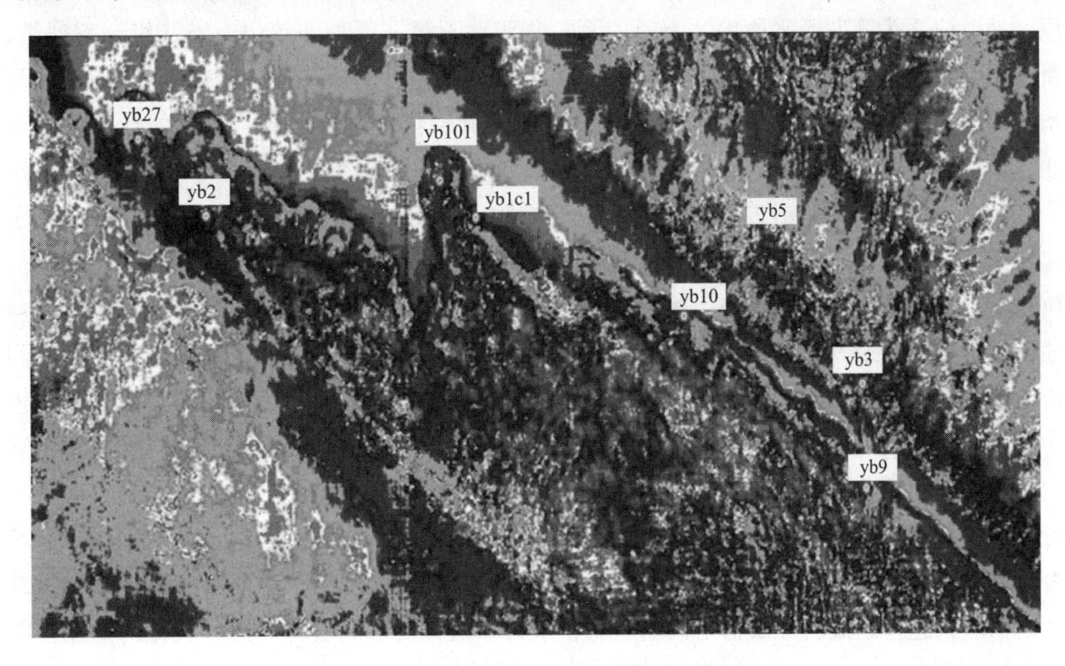

图1-6 元坝地区长兴组地震相平面分布图

2 含油砂岩储层特征

含油砂岩储层在我国的油气勘探中主要是指陆相沉积中的砂岩，本章研究的主要是利用江汉盆地西南缘的松滋油田作为砂岩储层综合解释及预测的重要描述对象及研究区块。该油田的陆相沉积层系自上而下，发育了前白垩系基底及白垩系一第三系陆源碎屑岩沉积，地层依次为第四系平原组、上第三系广华组、下第三系荆河镇组、潜江组、荆沙组、新沟咀组、沙市组和白垩系渔洋组、跑马岗组。其中，下第三系新沟咀组、沙市组和白垩系渔洋组是研究区内的主要勘探目的层，其砂岩储层相对富含油流，原油的性质属轻质油、液体状。

江汉盆地位于秦岭褶皱系、华北板块、华南板块等大地构造结合部位，它是在中扬子地块基础上，经中三叠世末印支构造运动，在晚侏罗纪末燕山早期构造变形褶皱基底上，拉张应力背景下形成的白垩一下第三纪的断陷型陆相沉积盆地。作为陆相拉张型断陷盆地，盆内基底断裂发育，边缘以正断层为界。燕山运动中晚期，江汉盆地处于南北向强烈构造挤压的应力作用下，形成以北西向的襄樊一广济深断裂带及北北东向的郯庐深断裂带为代表的北西西—北北西和北北东—北东东向两组基岩断裂，并伴随形成背斜、向斜褶皱构造。白垩纪中晚期，由于受太平洋板块向西俯冲的影响，中国大陆板块向东南、向南顺时针漂移，形成了中国东部一系列规模不等的北东、北北东向断陷盆地。由于区域应力场由南向北挤压转变为近东西向的拉伸作用，许多拉张断裂往往沿早期的挤压断裂断面重新转向活动，这些断裂将江汉盆地内基岩切割成许多近似菱形的块体。这些块体的活动控制了盆地的发生、发展。在这样的背景下，作为江汉盆地西南部的一个次一级的负向构造单元——江陵凹陷，形成了现今的沉积和构造格架特征。

1)白垩系渔洋组

勘探早期在油田的西部(谢凤桥断层以西)的钻井揭示该套地层，并获得了工业油流，而在油田的东部(谢凤桥断层以东)地区，由于该套地层埋藏较深，尚无钻井揭示。该地层岩性粒度整体上呈上粗下细，为一套棕红色、灰色砂泥岩互层，间夹膏泥岩和薄层暗色泥岩；底部为厚层状砾岩，属河湖相沉积，具断陷盆地充填式沉积特点。现以 Es13 井为例，对其沉积相进行分析。图 2-1 为 Es13 井白垩系渔洋组的油气显示层段(2494 ~ 2510m)的沉积相示意图，并与 Es10 井的白垩系渔洋组沉积相(图 2-2)进行综合分析。结果可以看出，上部泥岩的颜色以灰色、棕色为主，砂岩以灰、浅灰色为主，反映的是一种还原的沉积环境；砂岩粒度相对较粗，以粗粉砂和细砂为主，分选性差，磨圆度为次棱角状，孔隙度相对较低；下部泥岩以红棕色为主，反映的是一种氧化的沉积环境。在岩心剖面上，只有变形层理、波状和交错层理等沉积构造。从粒度曲线上看，表现为两段式——跳跃和悬浮，其中悬浮总体最发育，占 70% ~80%，跳跃总体次之，占 20% ~30%，为三角洲平原—河流相的沉积特征。

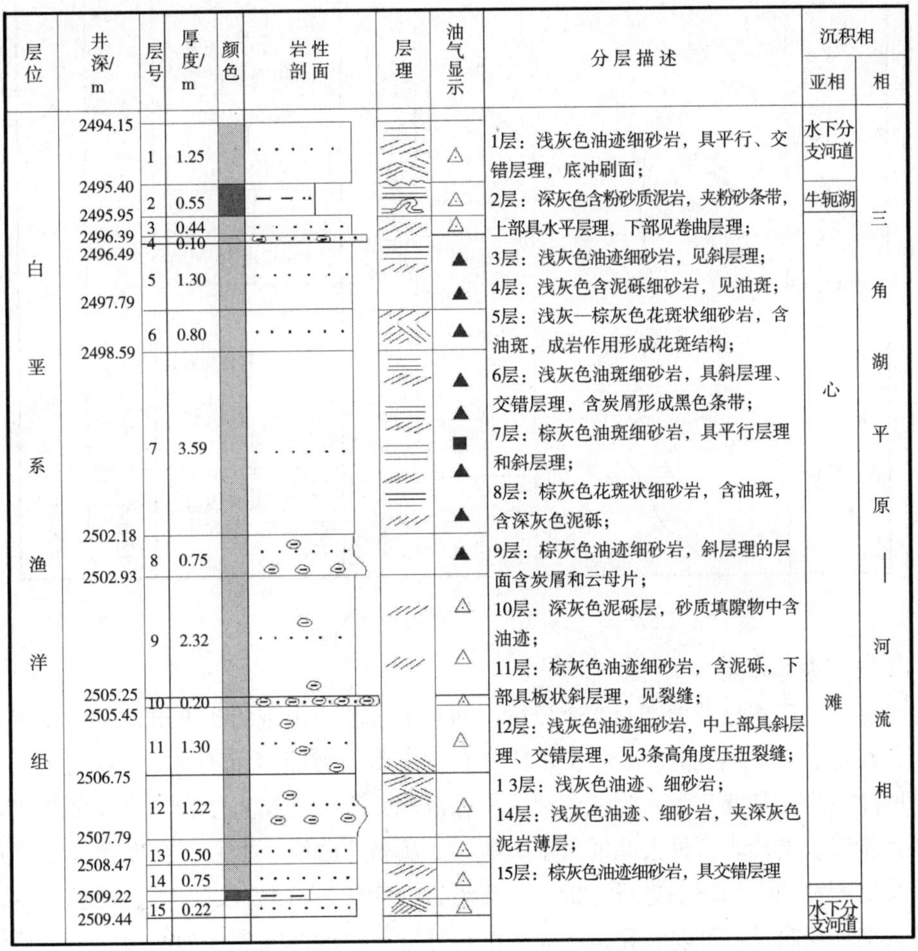

层位	井深/m	层号	厚度/m	油气显示	亚相	相
白垩系渔洋组	2494.15	1	1.25	△	水下分支河道	三角湖平原—河流相
	2495.40	2	0.55	△	牛轭湖	
	2495.95	3	0.44	△	心滩	
	2496.39	4	0.10			
	2496.49	5	1.30	▲ ▲		
	2497.79	6	0.80	▲		
	2498.59	7	3.59	▲ ▲ ■ ▲ ▲		
	2502.18	8	0.75	▲		
	2502.93	9	2.32	△ △		
	2505.25	10	0.20	△		
	2505.45	11	1.30	△		
	2506.75	12	1.22	△		
	2507.79	13	0.50	△		
	2508.47	14	0.75	△		
	2509.22	15	0.22	△	水下分支河道	
	2509.44					

分层描述：

1层：浅灰色油迹细砂岩，具平行、交错层理，底冲刷面；
2层：深灰色含粉砂质泥岩，夹粉砂条带，上部具水平层理，下部见卷曲层理；
3层：浅灰色油迹细砂岩，见斜层理；
4层：浅灰色含泥砾细砂岩，见油斑；
5层：浅灰—棕灰色花斑状细砂岩，含油斑，成岩作用形成花斑结构；
6层：浅灰色油斑细砂岩，具斜层理、交错层理，含炭屑形成黑色条带；
7层：棕灰色油斑细砂岩，具平行层理和斜层理；
8层：棕灰色花斑状细砂岩，含油斑，含深灰色泥砾；
9层：棕灰色油迹细砂岩，斜层理的层面含炭屑和云母片；
10层：深灰色泥砾层，砂质填隙物中含油迹；
11层：棕灰色油迹细砂岩，含泥砾，下部具板状斜层理，见裂缝；
12层：浅灰色油迹细砂岩，中上部具斜层理、交错层理，见3条高角度压扭裂缝；
1 3层：浅灰色油迹、细砂岩；
14层：浅灰色油迹、细砂岩，夹深灰色泥岩薄层；
15层：棕灰色油迹细砂岩，具交错层理

图 2-1　Es13 井白垩系渔洋组沉积微相图

白垩系渔洋组砂岩储层的孔隙度范围从最大值 17.9% 到最小值 1.8%，平均值为 6.34% ~10.93%，从井中的孔隙度分布直方图可知，白垩系渔洋组砂岩储层的孔隙度主要分布在 6% ~13% 之间；渗透率最大值为 $12.1\times10^{-3}\mu m^2$，最小值为 $0.19\times10^{-3}\mu m^2$，平均为 $(2.14\sim4.19)\times10^{-3}\mu m^2$；从井中的渗透率直方图可知，渗透率主要分布在 $(0\sim2)\times10^{-3}\mu m^2$ 和 $(3\sim8)\times10^{-3}\mu m^2$ 之间，属低孔、低渗储层中的较好储层。

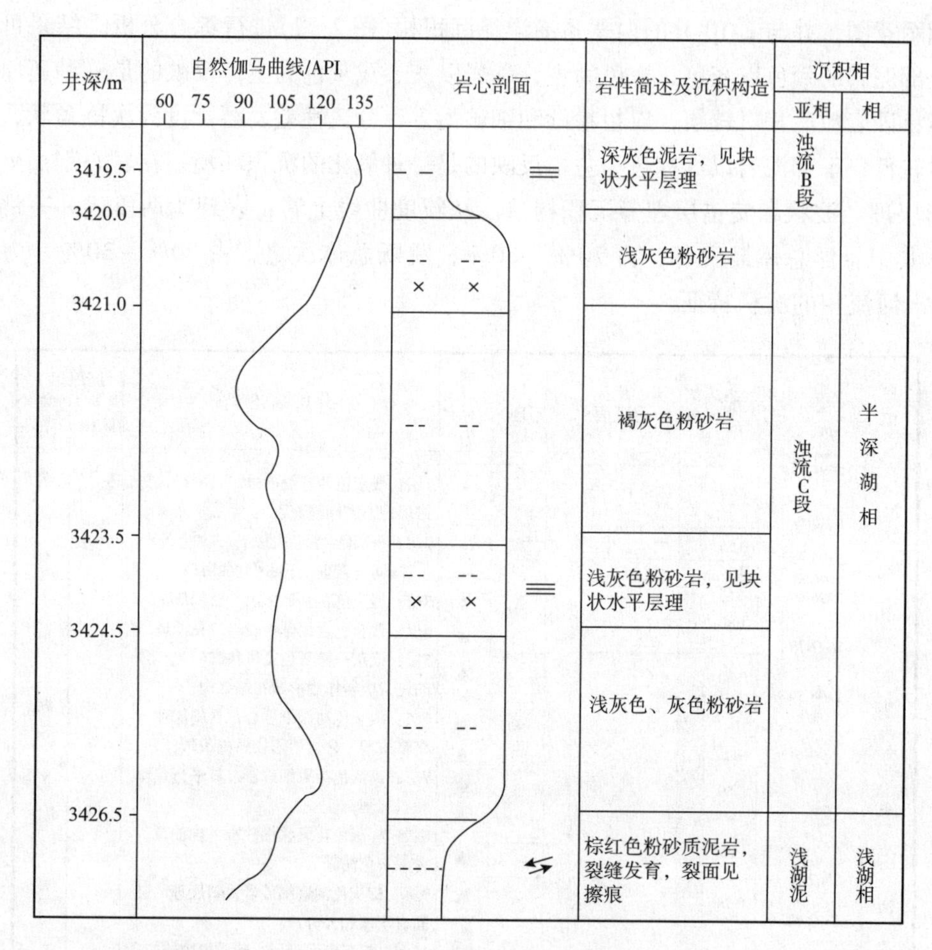

图2-2 Es10井白垩系渔洋组沉积微相图

2)下第三系沙市组

在勘探早期所有钻井中，只在谢凤桥以西复1号断块构造的沙市组地层中发现有油气显示，并获得了工业油气流(SK8-3井获得4.8m^3/d)。沙市组沉积时期，湖盆扩大，泥岩增多，厚度及岩性都变化大，为三角洲—湖相沉积；下段主要为盐岩，棕红色及灰色含膏泥岩，钙质泥岩夹砂岩，最大厚度大于1000m。从测井曲线、岩心、粒度曲线、薄片等资料来对其沉积相和沉积环境进行分析，沙市组岩性特征显示泥岩以棕红、褐色为主，砂岩以灰色为主，反映了一种弱氧化—还原的沉积环境。粒度曲线表现为两段式——跳跃和悬浮，各占50%左右。在岩心剖面上可见水平、波状和块状层理等构造，电性特征从自然伽马曲线上看主要表现为漏斗形和钟形。综合分析认为该层段主要发育一些浅滩和浊流沉积微相砂体(图2-3)。

据钻井资料分析，下第三系沙市组发育有3套砂层组，即砂1(Es1)、砂2(Es2)和砂3(Es3)，目前发现的油气层分布在第3砂层组(Es38、Es39、Es310)，其岩性为粗粉砂岩—细砂岩。通过测井解释，其主要储层物性特征为：孔隙度一般为8.6%~12%，最小值为6.8%，最大值为13.6%，平均孔隙度为9.5%；渗透率一般在(2.2~13.5)×10^{-3}μm^2

之间，最小值为$0.6\times10^{-3}\mu m^2$，最大值为$57.0\times10^{-3}\mu m^2$；声波时差为215～225μs/m；电阻率为9～20Ω；单层厚度一般为1.5～3.0m，最小为1m，最大为7m。

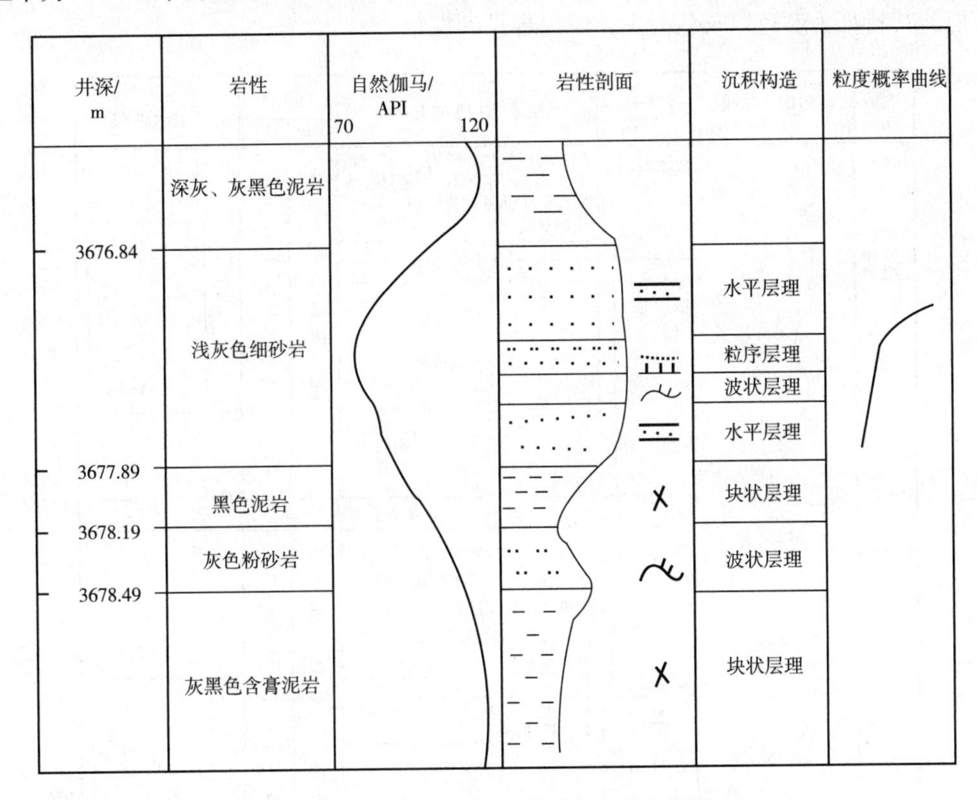

图2－3　Es5井沙市组浊流相沉积特征图

3）下第三系新沟咀组下段

该层段属三角洲—湖相沉积，在区内沉积稳定，岩性厚度变化不大；下段是凹陷内的主力生油层，厚度一般为400m，最大厚度可达1000m。该层段的油气显示主要集中于谢凤桥断层以东地区，且靠近生油洼陷，为一些自生自储式油气藏。其岩性特征显示：泥岩以浅灰、深灰色为主，且含膏，砂岩为浅灰、棕灰色，以粉砂为主，反映一种水动力较弱、较闭塞的还原环境；从自然伽马测井曲线来看，表现为钟形、箱形；粒度曲线表现为两段式，即跳跃和悬浮，其中跳跃占20%～40%，悬浮占60%～80%；在岩心剖面上见水平层理、斜层理和低角度交错层理等沉积构造，综合分析认为该层段主要发育一些远岸水下扇，水下分支河道和河口坝等沉积微相砂体，其特征如图2－4所示。

该层含有3个油组和泥隔层，Ⅰ油组为灰色含膏（膏质）泥岩、棕色泥岩夹棕色泥质粉砂岩薄层或棕色、灰棕色细砂岩薄层不等厚互层，其特征是除含膏（膏质）泥岩为灰色外，总体上为棕色，区域上俗称“大膏段”。Ⅱ油组为红棕、灰棕色泥岩、暗棕色粉砂质泥岩与灰、棕色泥质粉砂岩、含灰粉砂岩及灰色、浅灰色细砂岩不等厚互层，其特点是地层颜色从上到下由红变灰，棕色减少，灰色增多；中上部砂岩相对较粗，多为细砂岩，下部砂岩相对较细，多为粉砂岩。泥隔层为棕、深灰色、灰色泥岩、含膏泥岩夹棕灰色、深灰色粉细砂岩，特征是颜色以灰色为主，少量棕色含膏泥岩；以泥岩为主，砂层少而薄。Ⅲ油组为灰色、深灰色含膏泥岩与灰黑色、灰色泥岩、粉砂质泥岩及浅棕色、灰色粉砂岩、细砂岩互层，其特征为颜色以灰色为主，仅局部见到棕色。

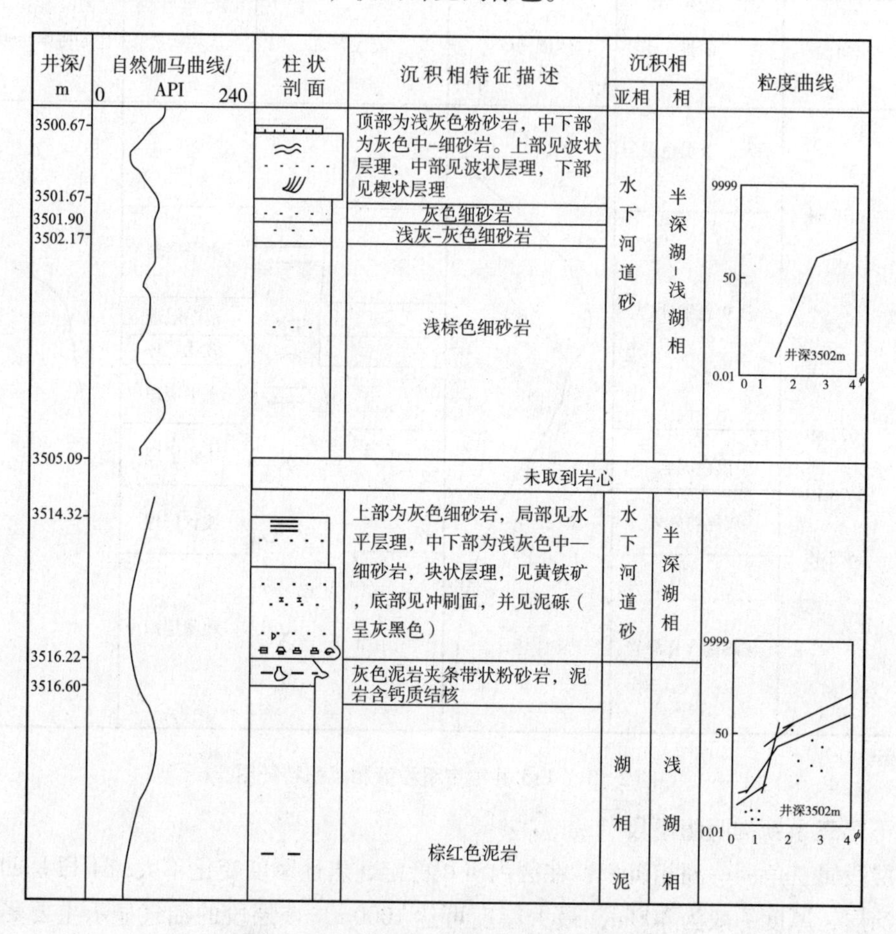

图 2-4　新沟咀组下段沉积微相特征图

该层的砂岩储层的孔隙度范围从最大值 15.6% 到最小值 1.1%，平均值为 6.19% ~ 6.9%，渗透率在$(0.05 \sim 43.9) \times 10^{-3}\mu m^2$之间，平均为$(0.33 \sim 8.8) \times 10^{-3}\mu m^2$；新沟咀组下段砂岩储层的孔隙度值主要分布在两个范围内：一个是 4.5% ~6% 之间，另一个是 7.5% ~9% 之间，其中 8% 的孔隙度值出现的频率最大，总体上属低孔、低渗储层。

2.1　砂岩储层特征

油田内的下第三系新沟咀组的油气显示主要集中于谢凤桥断层以东地区，且靠近生油洼陷为一些自生自储式油气藏。经本区钻井资料揭示，江汉盆地西南缘主要发育了两套烃源岩系，由上往下依次为下第三系潜江组未成熟烃源岩和下第三系新沟咀组下段($Ex^{下}$)—

沙市组上段($Es^{上}$)成熟烃源岩。从探区内各产油井的油—岩对比分析资料来看，不同产层(Ej、$Ex^{下}$、Es、K_2y)的原油，均与新沟咀组下段($Ex^{下}$)—沙市组上段($Es^{上}$)烃源岩具有较好的亲缘关系，还表明新沟咀组下段($Ex^{下}$)—沙市组上段($Es^{上}$)烃源岩是工区内主要的烃源岩。

研究区内的烃源岩层段主要发育在盆地坳陷沉积时期的水进体系域中，对应的层段为潜江组和新沟咀组下段($Ex^{下}$)—沙市组上段($Es^{上}$)，烃源岩的厚度占地层厚度的百分比一般都大于30%。而在下第三系荆沙组和白垩系渔洋组地层中未见或只见少量的暗色泥岩，为烃源岩不发育层段。

从本区目前的钻井资料来看，显示油气藏平面上的展布特征主要是沿着谢凤桥和复兴场两条主干断层两侧，以及牛头岗主力生油洼陷的两侧分布。纵向上主要产层为新沟咀组下段Ⅱ、Ⅲ油组，沙市组和白垩系渔洋组 K_2y^3、K_2y^4 油组等层段，次要目的层为荆沙组地层，油源均来自于新沟咀组下段($Ex^{下}$)和沙市组上段($Es^{上}$)烃源岩层，油藏类型为断块、断鼻+岩性油藏。

从油气藏平面、纵向上的分布特点来看，本区油气藏主要受控于主干断层和烃源岩的分布及储层的物性，现分别描述如下：

(1)断裂对油气运移聚集起主导作用。

从某种意义上说，断裂活动是断陷盆地内控制油气聚散的主导因素。本区油气运移、聚集主要受控于复兴场和谢凤桥两条主干断层，这两条断层在油气运聚成藏过程中起通道和封闭双重作用。正是由于这种双重性，使得 $Ex^{下}$—$Es^{上}$ 的油气沿着这两条断层在断层的上升盘的白垩系渔洋组砂岩储集层中富集，形成沿断层呈梳状分布的油气藏群。

在研究区内的复1号断块油藏和采穴南断鼻油藏属于此类油气藏。复1号断块油气藏主要是谢凤桥断层对油气运移起主导作用，是油气运移的主要通道。由于该断层纵向断距大，横向延伸距离长，沟通了断层下降盘的源区和断层上升盘的砂岩储集层，使得 $Ex^{下}$—$Es^{上}$ 油源顺断层侧向运移至断层上盘复1号断块圈闭的白垩系渔洋组和下第三系沙市组的砂岩储集层中聚集成藏。其主要体现是增长了油气运移距离，纵向上油气显示层段增多，提高了圈闭的利用率，扩大了含油区范围。油气运移方向及轨迹如图2-5所示。采穴南断鼻油藏的形成机理与复1号断块相似，只不过对油气运移聚集起主导作用的断层为复兴场断层。

(2)烃源的分布对油气运移聚集起着重要的作用。

从油气藏平面分布图可知，本区新沟咀组下段Ⅱ、Ⅲ油组油气藏紧临梅槐桥－牛头岗主力生油洼陷，并在其两侧发现谢凤桥、南岗Ⅰ号断鼻两个油气藏。经油源对比分析，其烃源演化程度相对较高，甾烷指数达56.26，反映烃源来自这两个油气藏附近，未经较长距离的运移。从钻井测试情况来看，靠近油源区的复1断块构造的Es8、Es10、SK8－1、SK8－2、SK8－3井，以及采穴南构造上的Es11、Es12井均获得了工业油流或低产油流。从测试和试采总体情况来看，距离油源区较近，油气富集程度相对较高，相反，距离油源区较远，则油气富集程度较低。这说明断层虽然对油气运移、聚集起主导作用，但是，油源丰度的好坏和运移距离的大小，都直接影响油气的成藏。

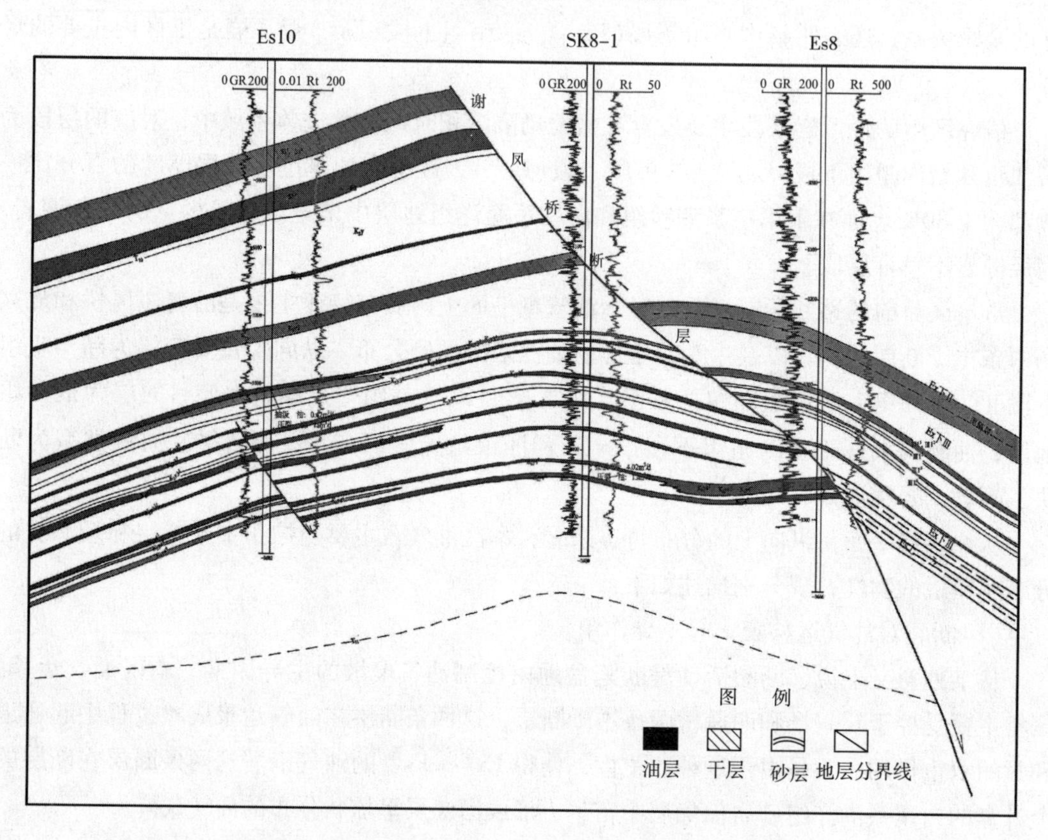

图 2-5　复 1 号断块油藏油气运移、聚集剖面示意图

(3)储层岩性影响成藏规模。

本区砂岩储层横向连续性差，非均质性程度高，对油藏的分布具有一定的控制作用，同时储层物性的好坏可以直接影响成藏规模；其次，裂缝体系的发育程度也直接影响到油气产能。如 Es4 井和 Es6 井同处在谢凤桥断鼻构造的高部位，前者未进行任何储层改造工作，就获得了较稳定的油气产量；而 Es6 井虽经过储层压裂改造，仍然未能形成产能。同样，在复 1 号断块构造，Es8 井所处的构造部位相对 SK8-1 井低，但产量比 SK8-1 井高，充分说明了储层岩性对油气成藏的控制作用。

2.2　油气成藏模式分析

根据本区的油气聚集特点及储集层段的不同，松滋油田油气藏的生、储配置关系主要有 3 种：①“自生自储”式油气藏；②“下生上储”式油气藏；③“新生古储”式油气藏。

(1)“自生自储”式油气藏。烃源岩层为 $Ex^{下}$—$Es^{上}$ 成熟烃源岩，储层段为下第三系新沟咀组下段Ⅱ、Ⅲ油组(砂岩)(图2-6)。在本区主要分布在谢凤桥—八宝和南岗鼻状构造带上。

(2)“下生上储”式油气藏。烃源岩层为 Ex^{下}—Es^{上} 成熟烃源岩，储层为下第三系荆沙组砂岩(图2-7)。在本区主要分布在谢凤桥断鼻构造上，为一次生油藏，分布范围较窄。

(3)“新生古储”式油气藏。烃源岩层为 Ex^{下}—Es^{上} 成熟烃源岩，储层为下第三系沙市组和白垩系渔洋组砂岩(图2-8)，为本区的主要油气藏类型之一，主要分布在复兴场—永固和采穴—潘家场构造带上。

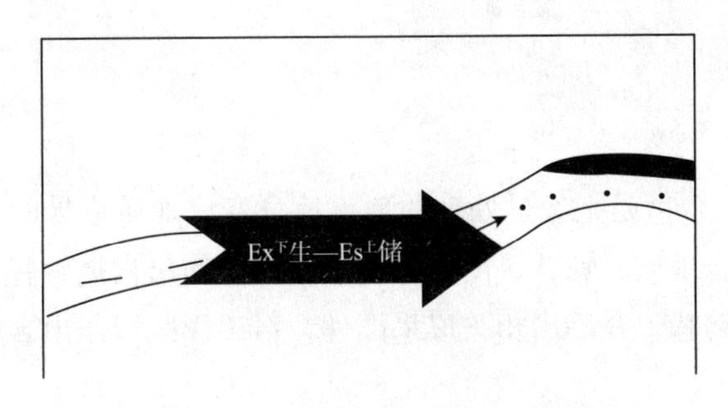

图2-6　“自生自储”式油气藏示意图

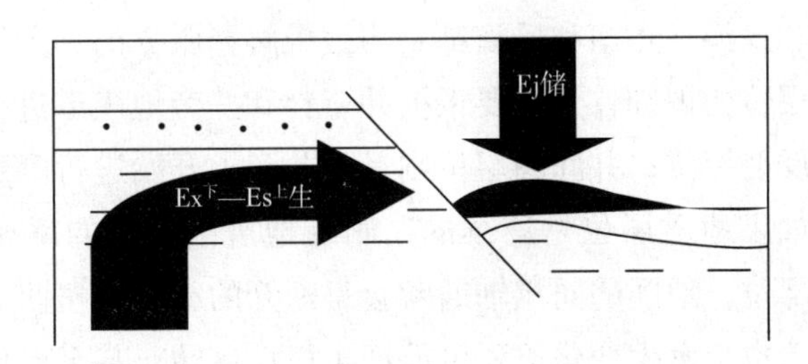

图2-7　“下生上储”式油气藏示意图

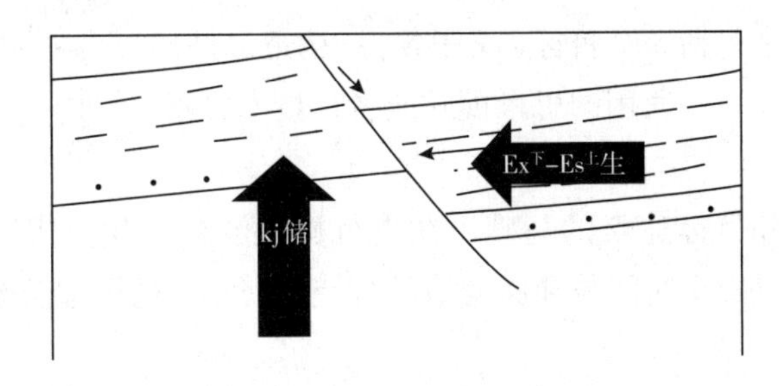

图2-8　“新生古储”式油气藏示意图

3 精细地震解释技术

地震资料解释[119,120]就是把经过处理的地震信息变成地质成果的过程，包括运用波动理论和地质知识，综合地质、钻井、测井等各项资料，作出构造解释、地层解释、岩性和烃类检测解释及综合解释，并绘出相关成果图件，对工作区域作出含油气评价，提出钻探井位置等。

地震解释原则上属于反问题，即根据得到的观测结果推断地质方面的各种情况。但它不是通常所说的正演和反演，正演和反演都是为地震解释服务的，大体上可以认为是方法和手段。其中，解释层位的识别首先需要根据井资料和井旁地震道进行对比，从地震反射剖面上识别出特定的反射层位；井间的层位则是从井旁道开始进行解释层位的追踪，并对未知区域展开解释。如果地质层位是连续的，则在地震剖面上的反映大致上也会是连续的；而在发生断裂的部位，地震的同相轴通常会是断开的或发生扭曲。地震波的反射振幅在断裂发生的部位通常也会发生变化，还可能产生极性反转，甚至形成断面波，这也成为识别断层的一种依据。

常规地震解释通常包括3个目标(或任务)：构造、储层、古地貌。针对这3个目标，从地震解释出发会存在一些通用的思考模式或者是技术思路：

(1)构造。

构造是地震解释和目标建议的基础，在进行构造解释时我们使用的是叠后振幅的资料，最终的结果是需要提交时间域和深度域的构造图、相关的层位及断层数据。

(2)储层。

储层是地震解释的核心要素，绝大部分的工作都是围绕储层展开的。在利用地震资料进行储层预测时，可以利用叠后振幅属性，也可以利用叠前振幅属性，并由此延伸出叠后纵波阻抗属性、纵波速度属性、叠前AVO属性、弹性波阻抗属性、横波属性等，以及相关的层位和断层数据实施对储层的剖面或平面的属性提取。同时，为了更好地呈现出储层的分布形态，可以考虑使用立体显示和三维雕刻等常规手段。

(3)古地貌。

古地貌主要涉及岩溶地貌、古地理环境等研究内容。古岩溶在我国西部油田的石炭系中多有发育，而且是一种主要的储层类型。岩溶形成原因非常复杂，但正是在形成岩溶的过程中，坚硬致密的碳酸盐岩中会产生众多的裂缝和溶洞，使得油气有了非常好的储集空间和渗滤空间。国内外大部分特高产油气井的储层均分布在岩溶渗滤带。古地理环境的研究则有利于识别礁滩相的早期沉积环境，从而确定出礁滩相带的分布位置。

3.1 精细地震资料处理

精细地震资料处理是构造精细解释的前提，本次三维连片处理主要针对以往处理成果的问题实施相应的改进，原分块处理数据体的问题主要有数据体边界效应比较突出，并且由于各块三维数据体的边界附近覆盖次数较低、叠加效果较差，加上偏移时边界延拓半径不够，画弧现象较为明显，造成许多假象，解释人员很难识别真假反射，影响了解释精度；其次，由于江汉盆地西南缘断裂体系十分发育，构造比较复杂，特别是南岗断背斜、谢凤桥—八宝鼻状构造带、复兴场断阶带，局部构造多为断鼻、断块型，均受断层的影响，幅度和面积又都比较小，地震波场十分复杂，成像困难，构造偏移归位效果不理想，特别是断点和构造高点部位。

针对原始地震资料特点及以往处理存在的问题，围绕连片处理的地质目标和任务，加强处理技术方法试验和参数试验，同时把各项基础工作做细、做扎实，特别是连片几何定义、静校正、去噪、速度分析和偏移等基础作业。采用全三维处理技术，统一处理流程。以“三高、一准确”为原则，实现三维地震资料合理连片、地震反射特征的一致性及构造正确归位，进一步提高信噪比和分辨率，为后续连片精细解释奠定基础。

此次松滋油田的三维连片处理，采用了全三维处理技术和DMO分析处理技术，特别强调静校正模型、速度模型、处理流程和处理参数的统一(图3-1)。并严格按照陆上三维地震资料处理技术规程执行，处理和解释相结合，加强中间处理中的各个环节的质量控制，确保了各项处理质量指标，处理效果达到了预期的目的：

(1)通过连片处理，实现了3块三维地震资料合理拼接，波形、振幅、频率等地震特征基本一致，并消除了各块数据体之间的时差[图3-2(a)、图3-2(b)]。

(2)消除了原各块数据体单独处理时所产生的边界效应。

(3)进一步提高了信噪比和分辨率，为后续的各项研究工作(解释或储层预测)奠定了良好的基础(图3-3、图3-4)。

(4)应用DMO速度分析、DMO偏移技术，有效地改善了构造成像精度，断层、断点及其他地质现象清晰。

精细化处理及其规范化的流程相当重要，这要保证所处理出来的地震处理成果与地下地质情况基本一致，不会产生虚假构造或与实际地质资料不符合的状况。虽然这种情况较

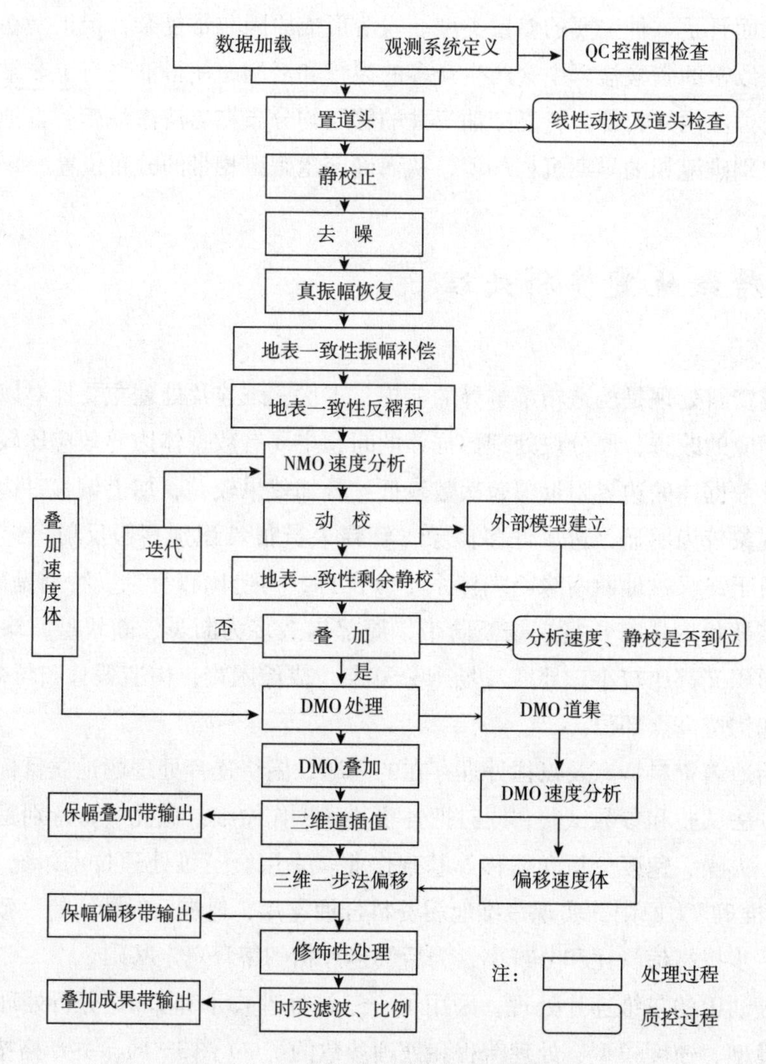

图 3－1 地震资料连片精细处理流程图

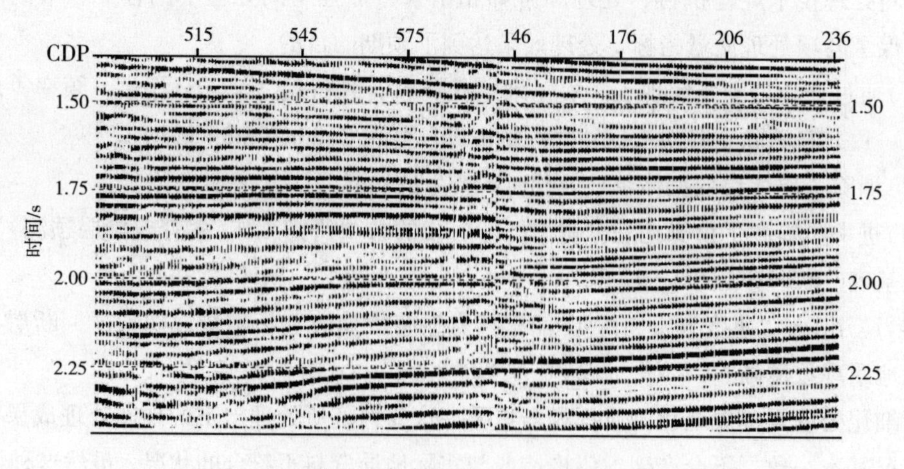

图 3－2(a) 原分块处理拼接后的剖面(圈中为拼接部位)

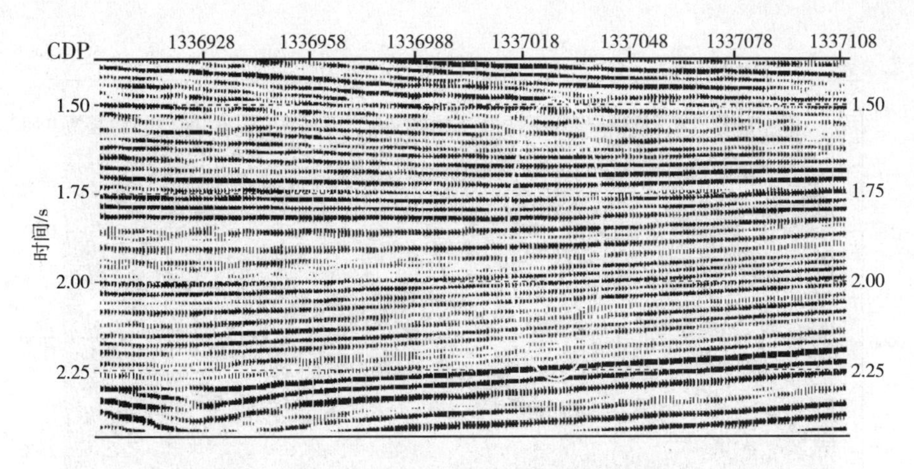

图3－2(b) 连片处理后剖面(圈中为拼接部位)

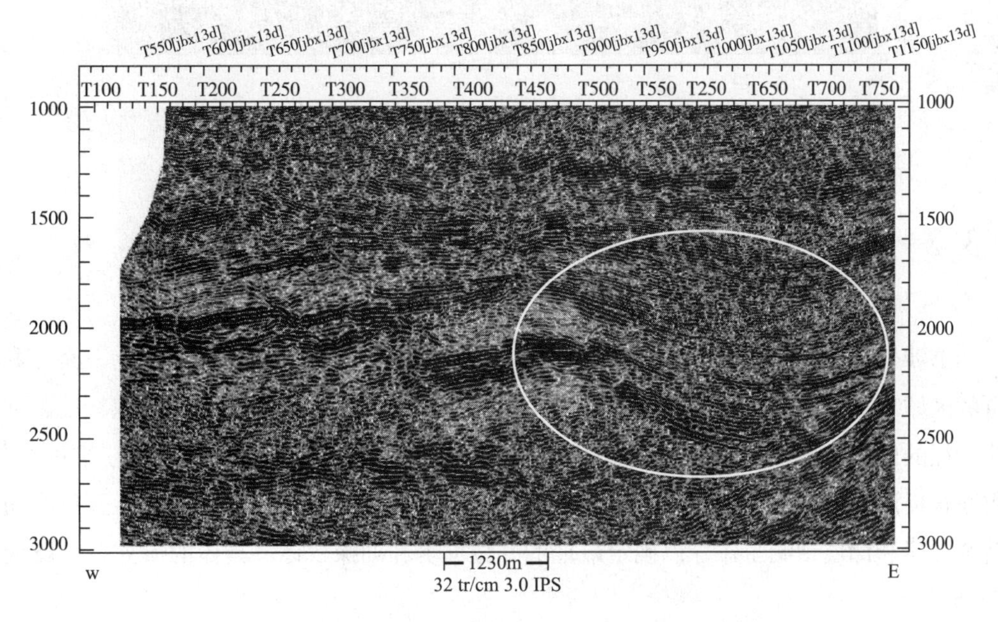

图3－3 原处理的地震剖面(圈中同相轴连续性较差)

为罕见，但在上、下构造形态有明显差异或层速度变化剧烈的区域中的地震成像有可能出现，还是要引起勘探者的高度重视。如某区的实钻水平井从地震剖面上来看，显示钻头位置已钻到奥陶组灰岩，而实际的钻井资料揭示该水平井的钻头位置还处于奥陶组上部龙马溪组一段的地层中，这个结果表明该地震剖面中的低幅度的隆起构造实际上不存在，推测可能是地震资料处理引起的构造幅度过大或虚假所致。

本次松滋油田的连片地震资料处理通过已确定的处理流程，对连片的地震资料进行处理，得到相关的叠后成果，经井资料等数据标定结果显示，叠后成果资料翔实可靠，所得的剖面成果明显优于原分块处理的成果，可用于后续的地震资料解释及储层预测。

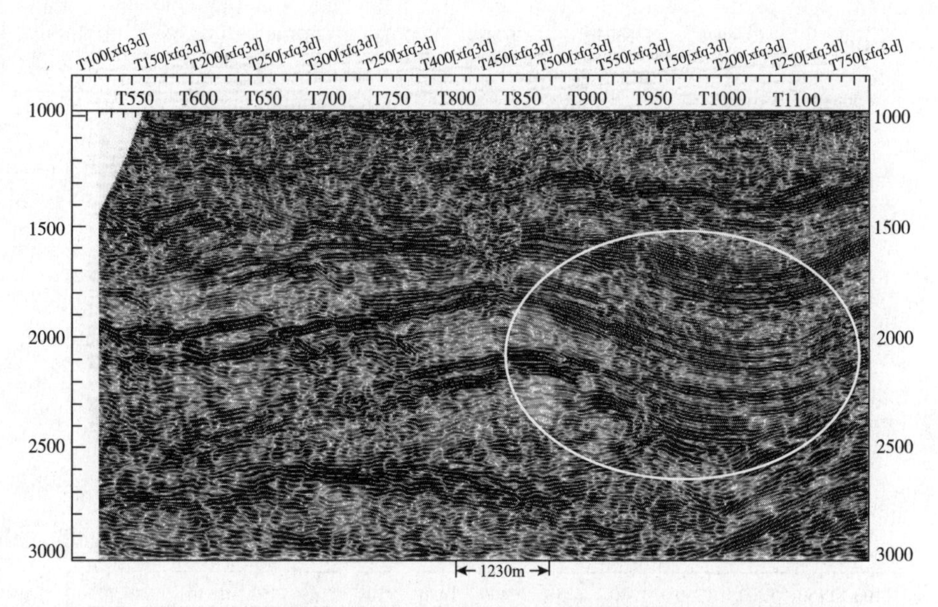

图3-4　地震资料精细处理后的剖面(圈中同相轴的连续性得到改善)

3.2　精细构造解释

本书涉及地震资料解释工作在对研究区内不同时期的分块解释成果基础上，充分利用现有的区域地质、钻井、测井等资料，以构造精细解释为重点，结合区域沉积特征、油气成藏特征的研究，开展区带评价和圈闭优选。对优选出来的重点圈闭，应用三维可视化、井震联合反演、地震属性提取与分析、相干分析及地震相分析等技术，进一步开展圈闭构造精细描述和储层预测工作，以确定最佳的井位部署和勘探目标。具体的研究技术路线如图3-5所示。

3.2.1　精细构造解释方法

地震资料构造解释的核心是通过地震勘探提供的时间剖面和其他物探资料(如重力、电法、磁法等)，以及钻井地质资料，结合盆地构造地质学的基本规律，包括区域的、局部的各种构造地质模型，解决盆地内有关构造地质方面的问题。

解释工作中首先要收集与本区或邻区有关的地质和地球物理资料，收集和准备与解释和作图直接有关的资料，包括水平叠加剖面和叠加偏移时间剖面、测线坐标和相应的地质资料。地震解释工作者要了解工区区域地质背景，仔细研究与解释有关的地质和地球物理资料，要做到对工区的地质背景、盆地类型和主要构造特点有一个基本的认识。

地震剖面解释是构造解释的基础，主要是在时间剖面上进行，剖面解释的主要任务是

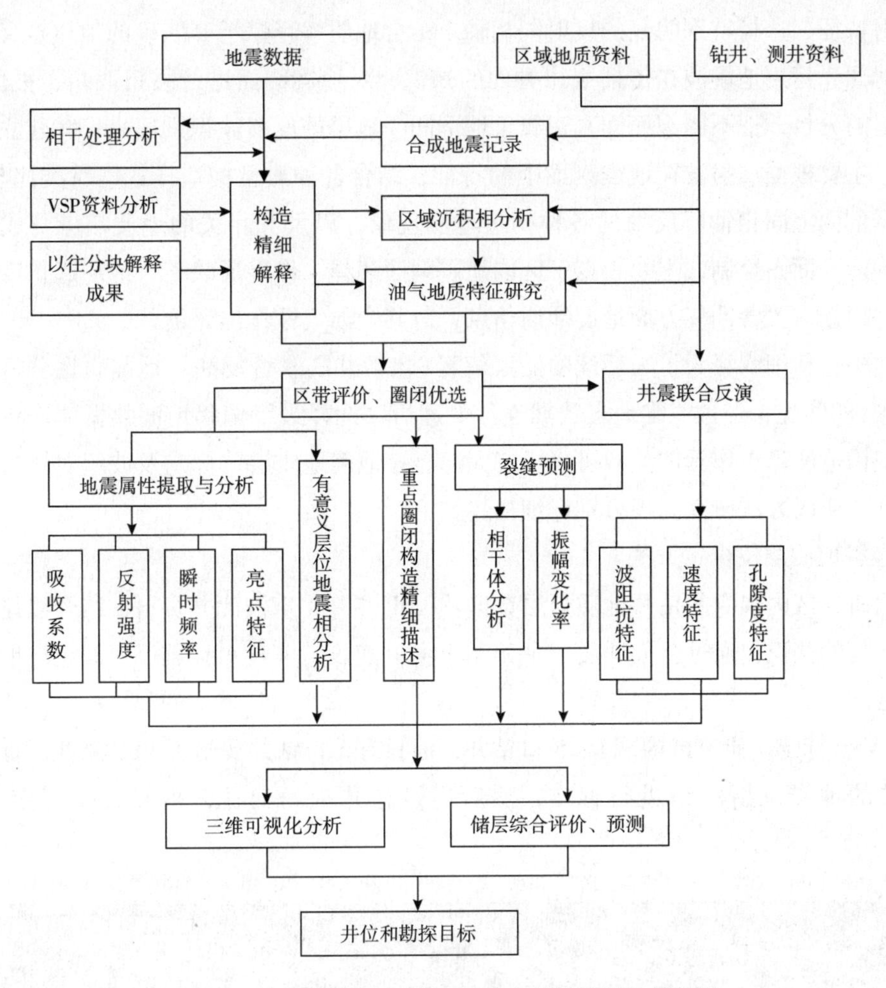

图 3-5 地震资料精细解释技术与储层预测路线框图

在时间剖面上确定断层、构造、不整合面和地质异常体等地质现象，这些主要以断层及层位数据来体现。另外，剖面解释还可以将时间剖面转换成深度剖面，为局部构造和区域构造发展史研究提供基础性资料。解释过程中包括基干测线对比、全区测线对比、复杂剖面解释，并设定相关的解释网格，一般网格由粗网格逐渐向细网格过渡，断层与层位数据要在时间域上闭合，解释结果符合规范要求。

空间解释主要是指利用解释好的断层与层位数据，实施断层的平面组合、构造等值线的勾绘、等深度构造图和地层等厚度图的制作等。即要把各条剖面上所确定的地质现象在平面上统一起来，这样才能较全面地反映地下构造的真实形态，也是构造解释的最终成果。

综合解释是在剖面解释和空间解释的基础上，结合地质、其他地球物理资料(反演或属性)进行综合分析对比，对含油气盆地的性质、沉积特征、构造展布规律、油气富集规律作出综合评价和有利区块的预测。

一般情况下，地震资料构造解释的具体步骤为：①确定反射标准层，主要依据地震剖面的反射特征，选择特别明显的反射同相轴，结合地质解释赋予其明确的地质意义；②反射波的对比，运用地震波在传播规律方面的知识，对地震剖面进行去粗取精、去伪存真、由表及里的分析，把不同剖面间真正属于地下同一地层的反射波识别出来；③建立构造解释模型，主要根据反射波在地震剖面上的特征，结合各种典型构造样式进行类比与分析，确定解释剖面上同相轴所反映的各种构造地质现象，以及其相关的地质响应与成因机理等；④构造平面图绘制，主要根据工区内地震剖面解释，作出反映某一地层起伏变化的构造图，并根据有关含油气方面地震地质信息，对其含油气性作出评价。

本次构造精细解释为了与后续的储层解释(包括井震联合反演、地震属性分析及地震相分析等)相匹配，经过三维地震数据连片处理后，选择最终偏移纯波数据体进行构造解释。精细构造解释工作具体大致可分成三大部分：地震地质层位标定及波组对比、断层解释及速度和成图方法研究。现分别详细描述如下。

1)地震地质层位标定方法

根据研究区内现有的钻井地质分层数据及VSP测井、声波测井资料，结合以往对该区的地层研究的认识，通过合成地震记录和VSP测井速度，实现对地震反射波组的地震地质层位标定。

(1)VSP标定。研究区内现有15口钻井，但只有5口钻井实施了VSP测井。首先对这5口钻井的地震反射波组进行标定，然后通过连井剖面对比，检查各井标定的一致性(图3-6)。

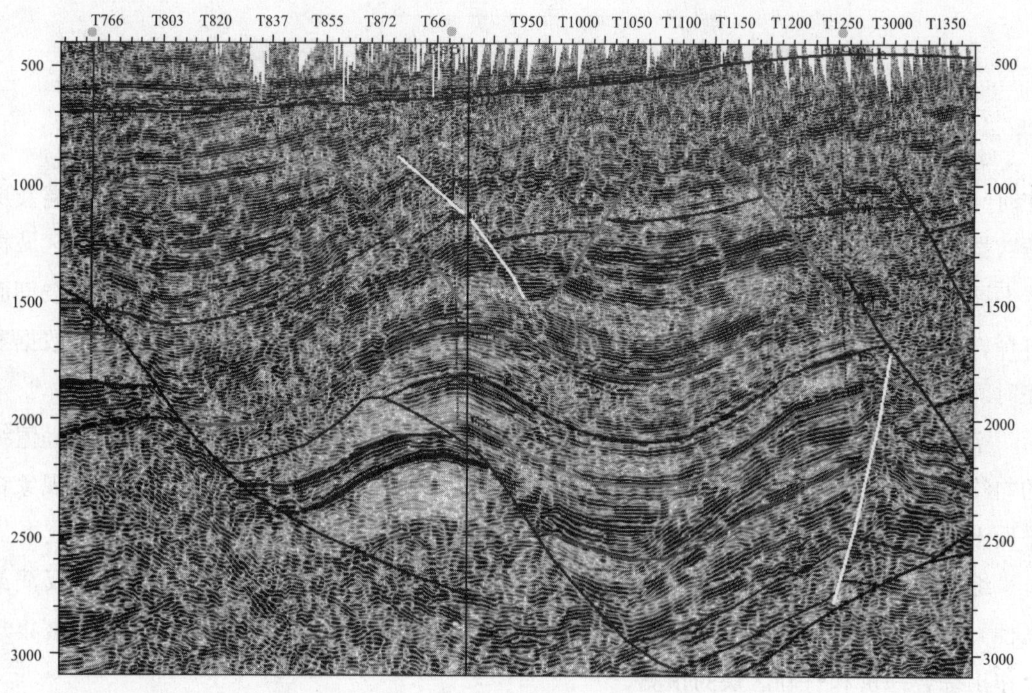

图3-6　Es9井、Es6井、Es11井的VSP标定连井剖面图

（2）合成记录标定。对没有实施 VSP 测井的钻井，则根据声波测井资料，制作地震合成记录，通过合成地震记录与测井曲线、实测地震记录及钻井分层数据的对应关系，实现地震地质层位的标定。同时，选择既有 VSP 测井，又有声波测井的井点，分别对这两种标定方法进行比较和调整，以提高标定的可靠程度(图 3－7、图 3－8)。从图中可见两者的时—深关系曲线差异不大，从合成记录来看，VSP 合成记录的反射波组的细节部分比声波合成记录的好，但使用声波合成记录完全满足井震标定的要求，而 VSP 测井的经济成本相对较高。

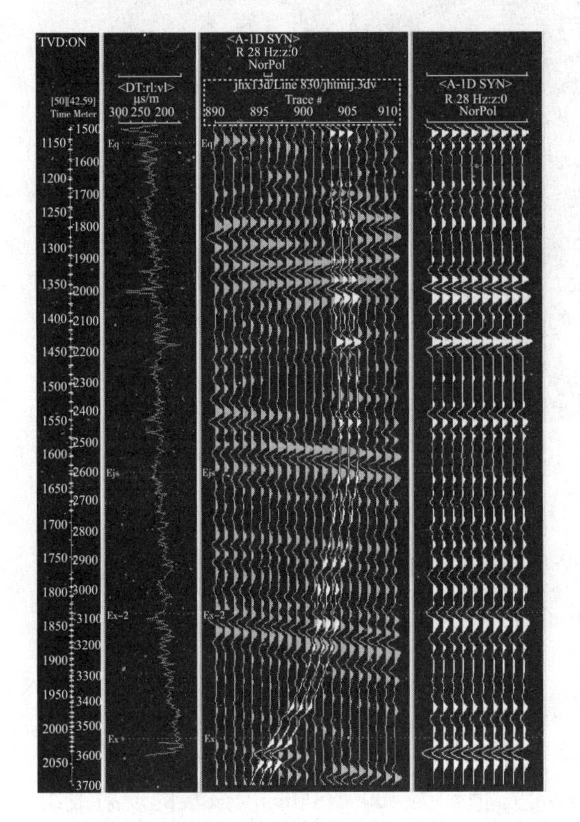

图 3－7　Es6 井声波合成记录标定示意图

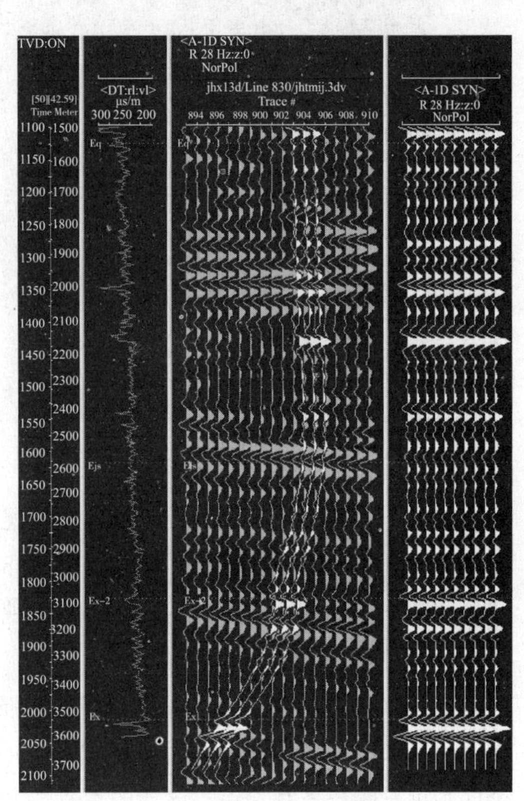

图 3－8　Es6 井的 VSP 合成记录标定示意图

此外，对于没有钻井控制的部位，或钻井没揭示的层位，则根据区域地质特征、构造运动特点及地震反射特征，包括地层厚度、接触关系等，结合连井剖面对比进行确定。

2）波组对比

由于是陆相沉积地层，地震反射波组在横向上相对变化较快，难以进行追踪解释，但其泥质沉积相对稳定，可连续追踪。所以在进一步确认反射波组标定的可靠性以后，首先通过连井剖面和环形剖面进行反射波组识别及对比追踪，建立全区的连井骨干剖面框架(图 3－9)。在此基础上，先设定相关的解释网格，实施“从粗到细、由易到难、循序渐进、逐步深入”的原则，对整个三维地震数据体开展对比及解释。首先按解释网格为 20 线 × 20 道的密度进行对比解释，初步掌握全区的基本构造形态特征以及解释的断层、层位相对闭合和合理后，再将对比解释的网格密度提高到10线×10道。然后，针对各个局部构造落实的需要，可逐步加密到5线×5道、2线×2道，甚至可达到1线×1道。

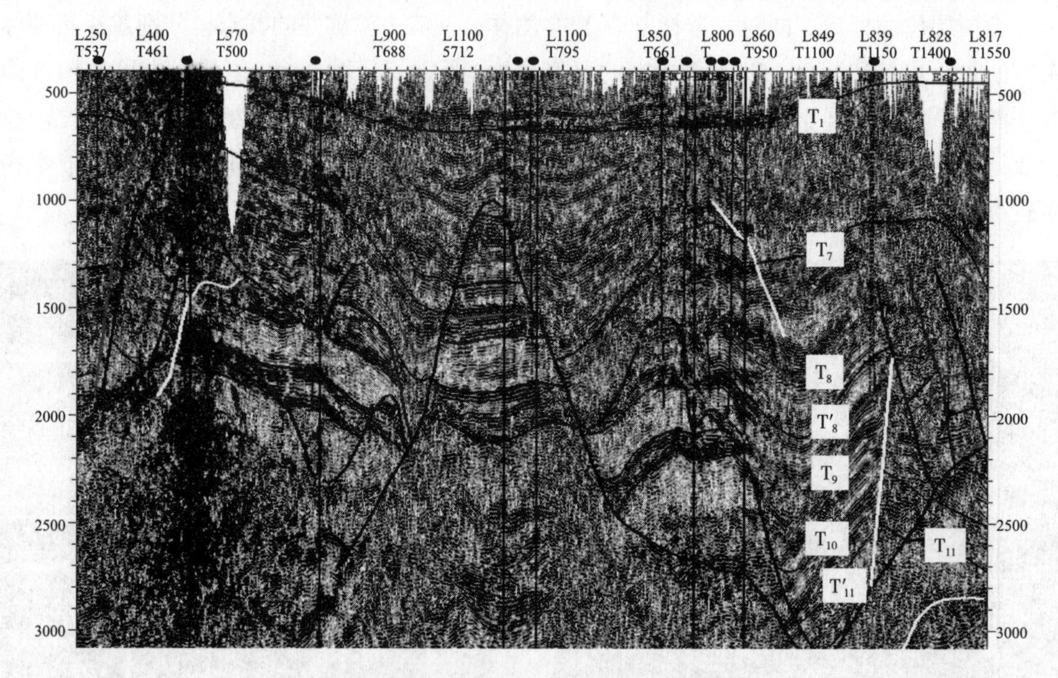

图3-9　连井对比骨架解释的剖面示意图

根据工区内的地震反射资料及地质情况，松滋油田研究区内的地震资料层位解释对比了T_1、T_7、T_8、T'_8、T_9、T_{10}、T'_{11}、T_{11}共8个反射层位，由于是陆相沉积，所以各个反射层位内部波组的特征在不同的构造部位反映也不一样(图3-10)，这8个反射层位的波组特征分别描述如下：

(1)T_1层位波组特征。4~5个相位，强反射振幅，中—高频率，连续性好，除了在南岗区块局部因采集偏移距过大而造成浅层的反射波缺失，从而造成该反射波组未获得外，全区均可长距离连续追踪。该层的双程旅行时间t_0值约为400~600ms，该层的反射波组与下伏的反射呈明显的角度关系，反映了区域性不整合面的反射特征。在地质上该反射层代表上第三系上更新统的底界面反射。

(2)T_7层位波组特征。反射振幅能量时强时弱，横向变化无规律，频率中等，连续性相对较差，波组对比追踪相对比较困难。该波组上部为一套弱反射，下部为一套强反射，可见该强反射与T_7波组有微角度不整合关系。在工区西部，该波组与T_1波组呈大角度接触，并被T_1波组取代。在地质上该反射层代表下第三系上始新统的潜江组(Eq)的底界面反射。

(3)T_8层位波组特征。为一套中—高频反射波组，3~4个相位，在谢凤桥断层以东，表现为强能量反射，连续性好。该波组上部为一套密集的强能量反射，下部则为一套中、低频的弱反射，整体上容易识别和追踪。而在谢凤桥断层以西及南岗构造上，反射能量变弱，连续性变差，上部的密集反射特征不明显，追踪较困难。在地质上该反射层代表下第

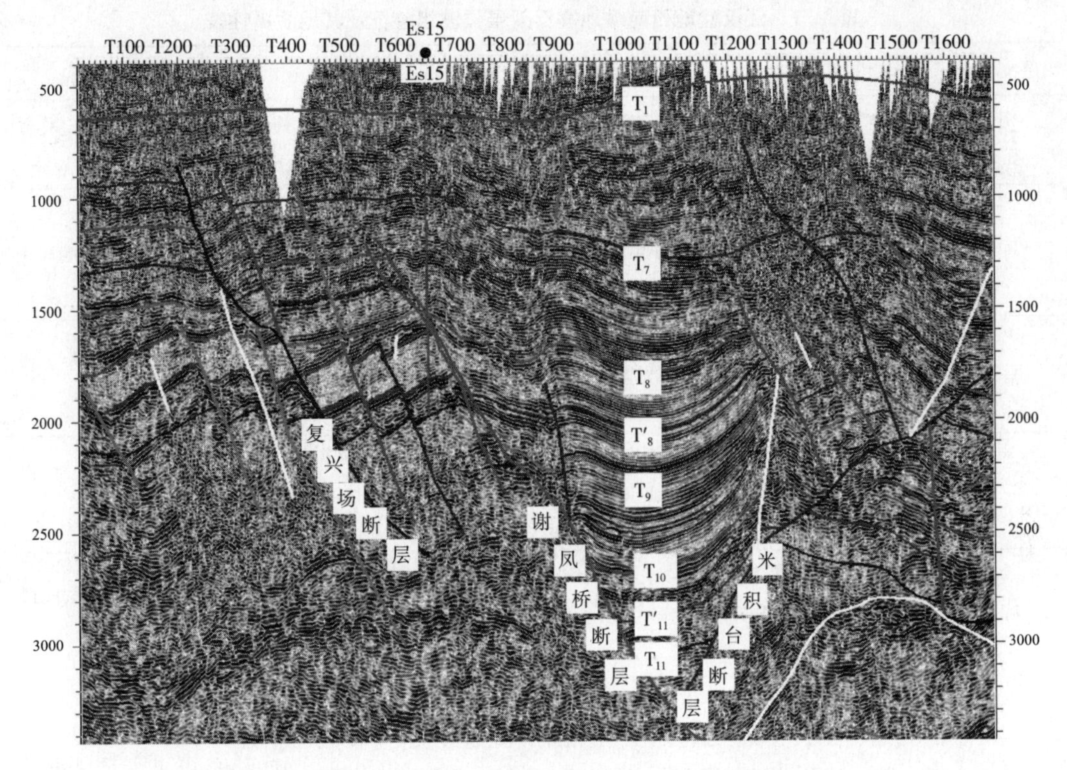

图 3-10 反映不同区块反射波组特征不同的剖面

三系中始新统的荆沙组(Ejs)的底界面反射。

(4)T'_8 层位波组特征。一般为 2~3 个相位，中、高频率，能量中等，连续性较好。其下为 3~4 个相位的强反射与之相伴出现。在八宝工区南部和南岗工区东部，该波组连续性变差。在地质上该反射层代表下第三系下始新统的新沟咀组上段($Ex^{上}$)的底界面反射。

(5)T_9 层位波组特征。为一套强能量反射波组，中、低频率，4~5 个相位，连续性好，可全区追踪。在地质上该反射层代表下第三系下始新统的新沟咀组下段($Ex^{下}$)的底界面反射。

(6)T_{10}层位波组特征。3~5 个相位，局部多相位，能量较强，连续性好，可全区连续追踪。谢凤桥断层以东，为中、低频率反射。而在谢凤桥断层以西，则表现为低频反射，并在局部见到超覆现象。在地质上该反射层代表下第三系沙市组(Es)的底界面反射。

(7)T'_{11}层位波组特征。2~3 个相位，局部多相位，低频，能量较强，在谢凤桥断层以西，连续性好，可连续追踪。而在谢凤桥断层以东，连续性变差，追踪困难。在地质上该反射层代表上白垩统(K_2)底界面的反射。

(8)T_{11}层位波组特征。3~4 个相位，低频，在谢凤桥断层以西，反射能量强，连续性较好，与下部地层反射明显呈角度不整合关系。在谢凤桥断层以东，由于埋藏较深，反射能量弱，连续性差，识别和追踪比较困难。在地质上该反射层代表白垩系(K)底界面的反射。各层位的波组具体特征及地质属性详见表 3-1。

表3-1　江汉盆地西南缘地震反射层位波组特征及其地质属性表

层位名	主要反射波组特征	地质属性
T_1	为一区域削蚀不整合面反射，其上为一组4～5个强振幅、中—高频率、连续性好的相位，其下为变振幅、中—高频率、连续性较好的反射波。全区分布	上、下第三系分界面
T_7	频率中等，能量时强时弱变化较大，连续性较差，一般在其上为弱反射，其下有一套强反射，可见微角度超覆和削蚀现象。在八宝西南角被T_1削蚀，其余地方都有分布	潜江组(Eq)底界面
T_8	其上为大套中、高频率的强反射，其下为中、低频率的弱反射，连续性较好，但在八宝工区南部其上下都为强反射，连续性变差，特征不太清晰。全区分布	荆沙组（Ejs）底界面
T'_8	其上为中、低振幅、中\低频率反射波，其下为3～4个中、强振幅、中、低频率反射波，连续性好；在八宝工区南部和南岗工区东部连续性变差。全区分布	新沟咀组上段(Ex_2)底界面
T_9	一般为大套强反射顶部的第2或第3个相位，而强反射的第1个相位反映的是“泥隔层”；中、低频率，连续性好，全区分布。该波组分布较稳定，可作为全区的“标志层”	新沟咀组下段(Ex_1)底界面
T_{10}	在谢凤桥断层以西为一套强反射波组的底，其下为一套能量很弱的反射，中低频，连续性好，多见上超现象。断层以东的南岗工区，则处于该套强反射内部，八宝工区则能量多为弱反射，由于无钻井揭示，目前的解释尚属推测。全区都有分布	沙市组(Es)底界面
T'_{11}	在谢凤桥断层以西为一套弱反射的底和强反射的顶，低频，连续性好；断层以东的特征与T_{10}波组一样，推测性解释为主。全区分布	上白垩统(K_2)底界面
T_{11}	在谢凤桥断层以西，其上为一组强反射波，其下为杂乱反射弱能量波组，频率低，连续性较好；在八宝工区西南缘和冯口以西，可见大角度不整合，因而为一区域不整合面反射。断层以东则由于埋深很大，特征变化大，目前以推测性解释为主。全区分布	白垩系(K)底界面

3.2.2　断层解释方法

1)相干分析

对于三维地震数据体中的任意地震道来说，当遇到地下存在断层或某个局部区域地层不连续变化时，一些地震道的反射特征就会与其附近地震道的反射特征出现差异，从而导致地震道局部的不连续性。相干体技术通过各地震道之间的差异程度，可以检测出断层或不连续变化的信息。在已完成解释的测网基础上，沿层或水平切片提取相干信息，结合地震波组特征和地质分层数据，分析推断研究区内的断裂展布规律，以便确立总体的构造格局和控制性断裂在平面上的展布特征。

根据地震信号的相关性原理，采用第一代相干算法对三维叠后偏移数据体进行相干处理，获得三维相干数据体。其中相干处理的各项计算参数，经过测试，分别选择为：相干道数为9、相干时窗为20ms、最大倾角扫描为6ms。

对相干体应用水平切片和沿层切片技术，观察地震信号相关性在横向上的变化特征。通常情况下，当地层沉积稳定或横向连续渐变时，地震信号相关程度较好。反之，当地层沉积不稳定，岩性在横向上发生突变时，则地震信号的相关性变差，特别是当有断层或裂缝存在时，由于地层的连续性遭到破坏，断层两侧岩性发生突变或裂缝造成岩体物性上的差异，形成地震信号不相关或出现负相关，并呈现线状或杂乱状分布。因此，通过地震信号的相关特性，可以大致了解全区断层或裂缝的发育和展布特征。

从图3－11中可见复兴场及采穴断层在相干切片上呈低相干特征，复兴场断层附近的低相干区域呈条带状展布，断层走向在中部出现转折。整体上低相干条带状展布及低相干区域呈密集点线状、扭曲形态表明断裂带附近的裂缝体系相对发育，低相干带总体上呈线状的走向暗示复兴场及采穴断裂的走向；其次，图3－11也表明在断层上盘的裂缝比下盘相对发育，断裂带附近的低相干值出现局部强、弱分明的状态。其中，点线状、扭曲形态分布呈密集状的低相干区域表明该区域裂缝相对发育，而裂缝相对不发育部位呈灰白色分布的高相干区域。由于采穴断层总体上活动相对比复兴场断层弱，其黑色(低相干值)线状分布轨迹相对明显，断层附近的低相干值区域向断层外延伸不远，这个情况表明断层附近的裂缝相对不发育，与该断层的断距相对小有关，而复兴场的断距相对较大，断层附近的低相干值区域向断层外延伸较远。总体上断裂带附近的裂缝相对发育，在这些断层的上盘上布井更容易钻到裂缝型砂岩储层，而下盘靠近断层的部位也有利于钻获裂缝型储层。另外，从图3－11上还可以看出，复兴场断层以南、东的区域中呈短线状、杂乱状分布的低相干区域推测为较厚的河道砂体或决口扇的砂体。

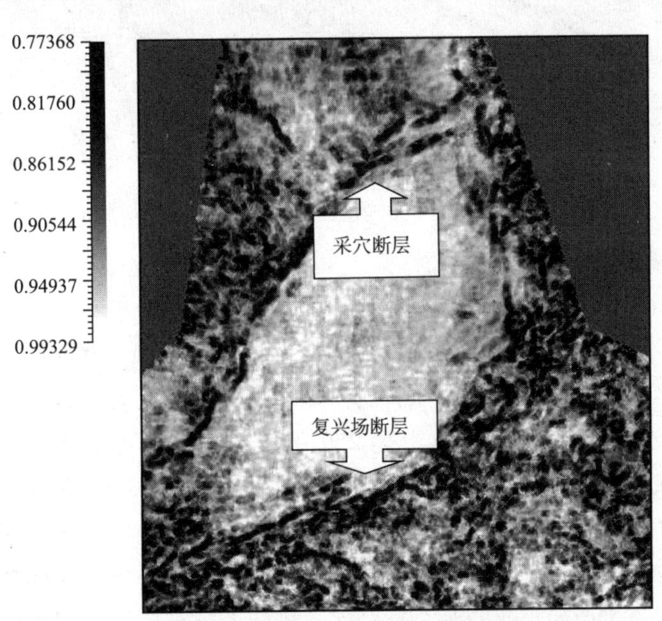

图3－11　复兴场、采穴断层在水平相干切片上的响应

从相干体技术的效果来看，对更微型的裂缝探测能力还存在明显不足。如从四川盆地五峰—龙马溪组页岩储层的裂缝预测效果来看，P 波各向异性预测裂缝的效果优于相干体技术。从图 3－12 及图 3－13 来说，可见推测的潮道体的边缘裂缝相对发育，两者都有响应，相干数据体表现出低值异常，而 P 波各向异性数据体则表现裂缝因子高值异常；其次，有些小的区域的 P 波各向异性的裂缝因子相对较强，而相干数据则反应不出来，如 jy4－HF 水平井的区域，裂缝预测结果也为后续的钻井资料所证实。所以可以这样认为，基于叠前道集处理的 P 波各向异性技术对微型裂缝的探测优于基于叠后地震资料的相干体技术。建议在后期的油气勘探及开发中开展 P 波各向异性技术[121~133]及 AVA 裂缝检测技术[134,135]的研究，使含油砂岩储层的裂缝探测成果更加准确、精细，从而确定出含油砂岩储层的裂缝发育位置，有利于后续阶段的勘探开发。

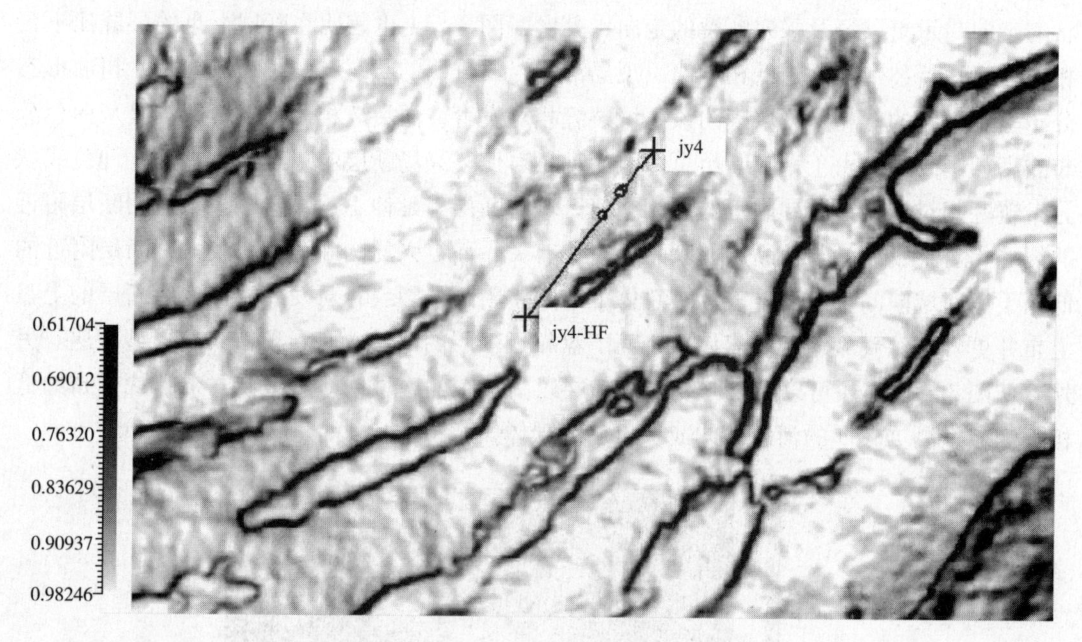

图 3－12　某区五峰—龙马溪组的相干数据体沿层切片示意图

2）谢凤桥断层

利用谢凤桥断层作为断层解释的例子，该断层位于谢凤桥—八宝鼻状隆起与牛头岗次凹之间的斜坡上。由南往北，断层走向由近南北向转北东再转北北西向，断面东倾，总体呈北东向纵贯工区，北端交复兴场断层并为其所限，延伸长度大于 20km。

该断层断距较大，断距范围基本上为 250 ~ 2500m，断开荆沙组中部直达基底地层，断距呈上小下大状，断面具有上缓下陡的特征（图 3－14）。断层上盘的沉积地层厚度明显大于下盘同一地质年代的地层厚度（如 Es、Ej 均在 2 倍以上）。从该断面图可见，在等值线分布相对密集部位或转折处，表明断面该区域的曲率相对较大，这些部位附着的地层容易产生裂缝；而断面等值线呈平行均匀状分布，则附着该部位的地层裂缝相对不发育。这些结论也为后续的钻井资料所证实。

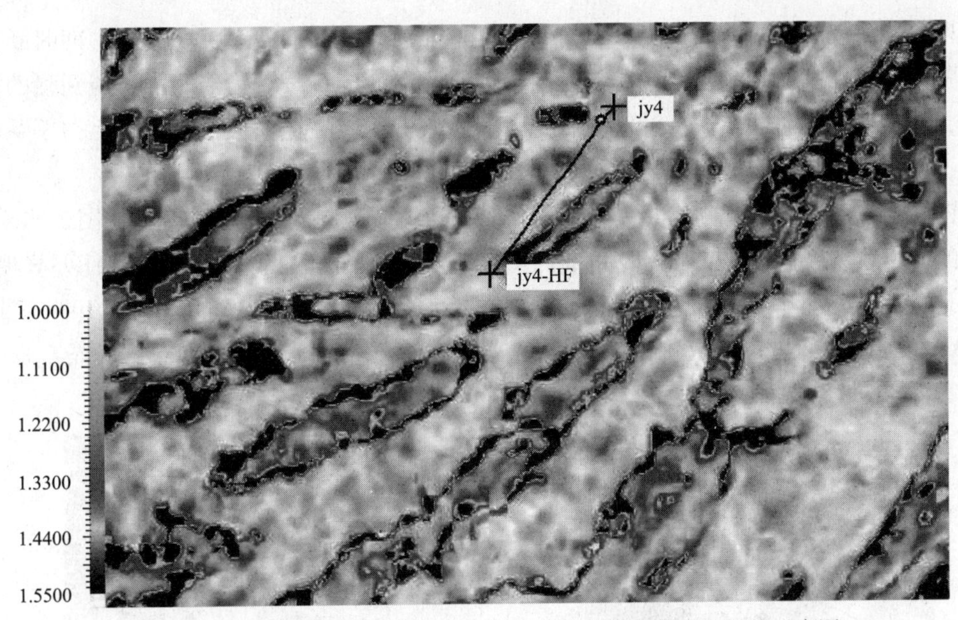

图 3-13 某区五峰—龙马溪组的 P 波各向异性数据体沿层切片示意图

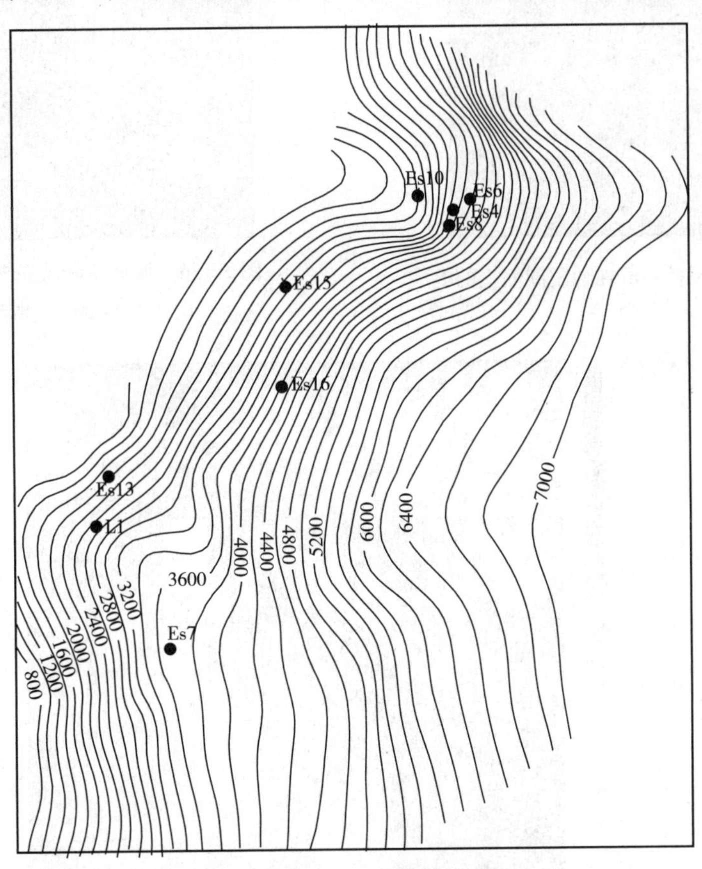

图 3-14 谢凤桥断层断面图

结合地震剖面及相干体切片、平衡剖面技术分析，结果显示谢凤桥断层从上白垩系沉积早期开始活动，一直持续到荆沙组沉积中期，在沙市组和荆沙组沉积早、中期时断裂活动较强烈，上白垩系末和新沟咀组沉积时期活动相对变弱，表现为弱、强、弱到强的活动特征，是一条活动时间早、持续时间较长、断距大的区域性正断层，控制了上白垩系、沙市组、新沟咀和荆沙组下部地层的沉积。

该断层在地震剖面、地震相及水平时间切片上表现为断层两盘差异较大(图3－15，见图中的白色线状断层)，在地震时间剖面上，其上、下两盘地震反射波组特征差异明显，大套地震波组错断清晰，且有断面波验证。水平切片亦表现出反射波组明显错断(图3－16，图中的白色线状)，在相干切片上表现为低相干值、点—短线状及杂乱形条带状展布(图3－17)特征，因此，该断层解释落实、可靠。

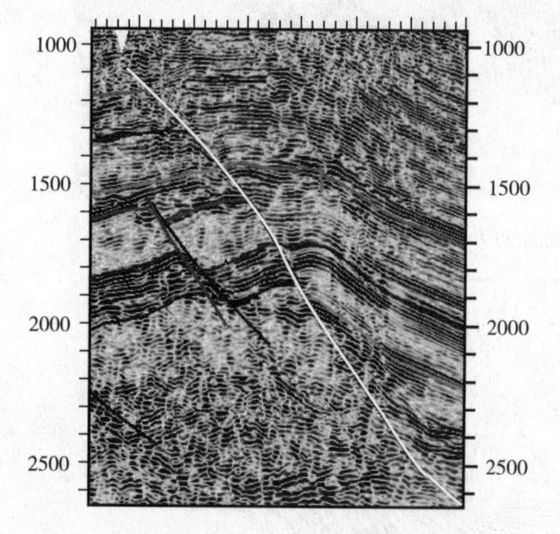

图3－15　谢凤桥断层在地震剖面上的响应

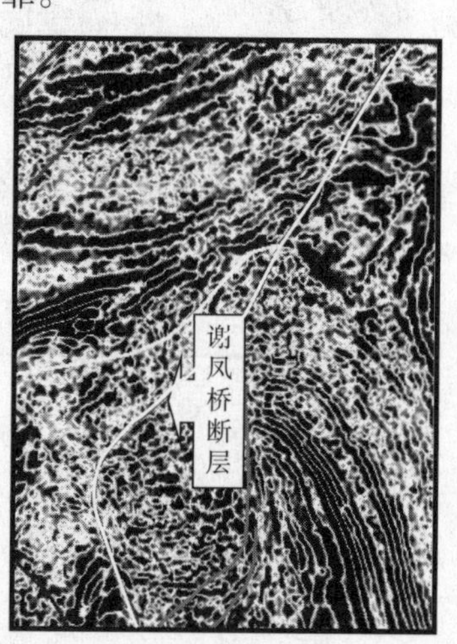

图3－16　谢凤桥断层在振幅水平切片上的响应示意图

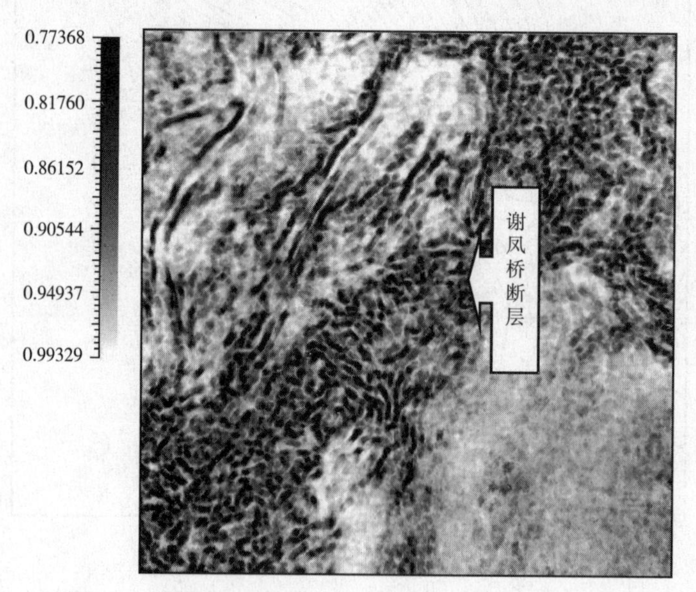

图3－17　谢凤桥断层在相干水平切片上的响应示意图

3）断点解释及平面组合

通过相干分析，初步掌握全区断层的分布特征后，根据地震反射同相轴的错断、扭曲及振幅、相位的变化等特征，利用垂直地震剖面进行断点解释及闭合。并依据同一条断层的性质相同、断距渐变及断层两边地层结构等特征，结合各种数据体（瞬时振幅、相干体）的水平切片和沿层切片分析，进行各条断层的断点平面组合。在此基础上，利用三维可视化分析技术，结合区域构造运动及沉积演化特点，进一步检查断层解释的合理性。

断层解释结果揭示断裂构造和断裂系统与沉积盆地的发展和演化密切相关，也是许多油气藏形成的基本控制因素之一。江陵凹陷经历了燕山运动晚期、喜山运动早期、中期和晚期等多期构造运动，发育有不同走向、不同时期、不同规模及作用和不同性质的断裂。按断裂走向划分，江陵凹陷主要发育有北东、北北东、近南北走向和近东西走向的4组断层，北东、北北东和近东西向的走滑断层，它们主要为控凹或控洼断层，也有凹陷内控次凹和洼陷断层，有控次洼和局部构造的小断层（图3－18）。总体上以北东向断层占优势，断层性质以张性正断层为主，其少数为压性逆断层，据其特征可分为：羽状分支断裂、椅式断裂、平板式、“Y”字形断裂。

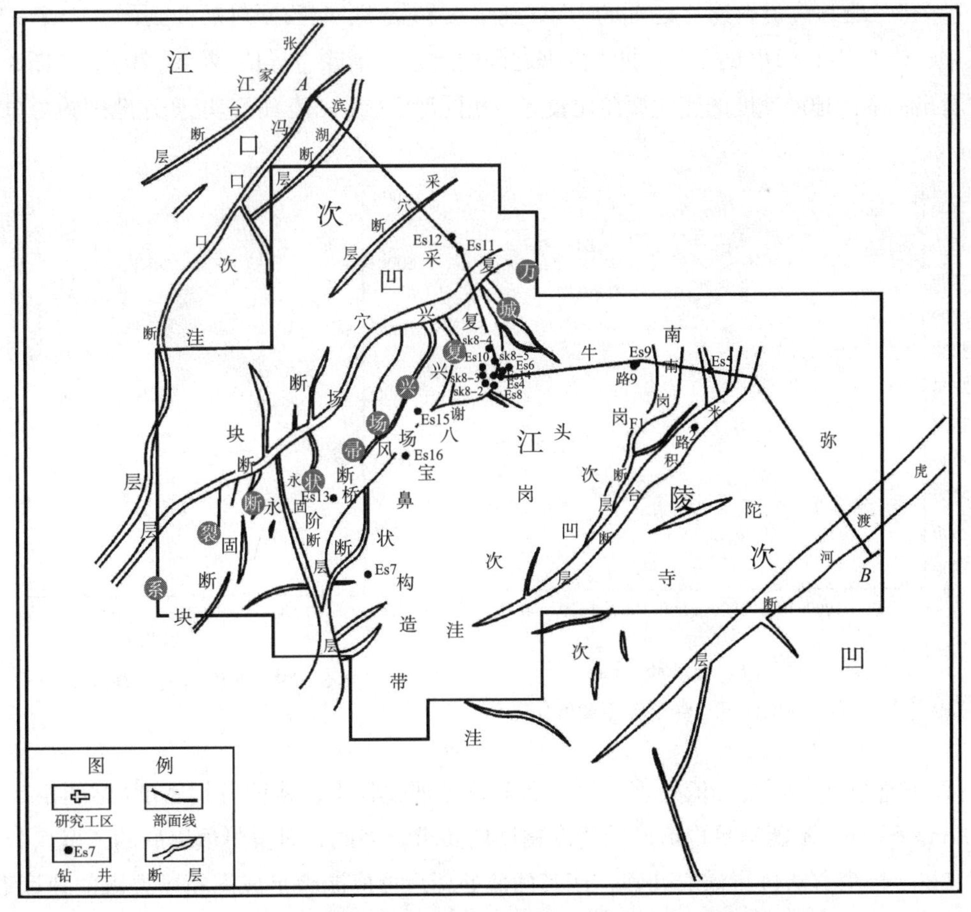

图3－18 松滋油田精细解释的断裂系统分布示意图

3.2.3 速度模型

江汉盆地西南缘松滋油田的陆相沉积地层速度横向变化较大，从现有的VSP测井资料来看(图3－19)，相同的构造区带中的不同部位，速度都存在明显的差异，表现出明显的陆相地层沉积的特征。在南岗构造上，南Ⅰ号断块(Es9井)和南Ⅱ号断块(Es5井)之间，相隔1000m左右，然而，同一深度的速度差异可达到300～500m/s；同样，在谢凤桥断层以西，复Ⅱ号断块(Es13井)和采穴断块(Es11井)之间，距离也不太远，两个断块的地层结构基本一致，而速度差异也很大。以往常规的地震构造成图基本采用全区综合速度，忽略了速度横向变化问题，在很大程度上影响了图件的精度。即使在一个基本构造单元，例如南岗构造，用一口井VSP速度成图，也不能完全反映该构造的真实面貌。为了提高地震成图精度，本次构造成图采用了变速成图方法[136]。

1)初始速度模型的建立

由于工区内钻井工作程度较低，有VSP测井资料的就更少。因此，借助于三维地震资料连片处理的速度谱数据，建立本区的初始速度模型，具体做法是：

(1)将三维地震资料连片处理的DMO速度资料按T、V数据对展开到同一个T—V坐标系中，检查各个CDP的T、V曲线数据之间的关系，消除奇异值(图3－20)。从图3－20中可看出，本区地震速度的变化规律比较好，相同深度(或t_0值)的速度变化范围约为200～500m/s。

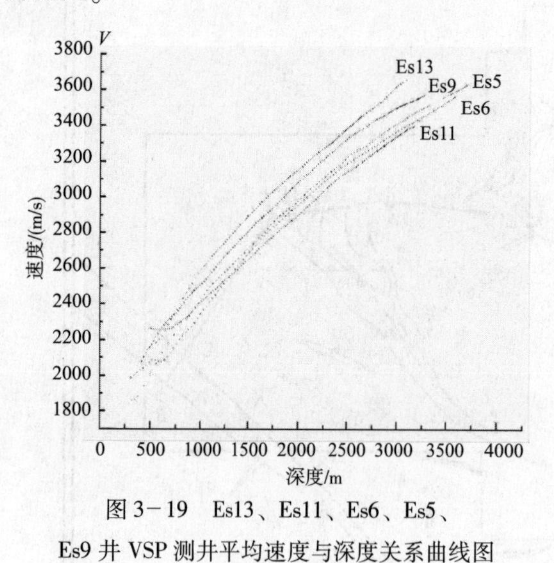

图3－19 Es13、Es11、Es6、Es5、Es9井VSP测井平均速度与深度关系曲线图

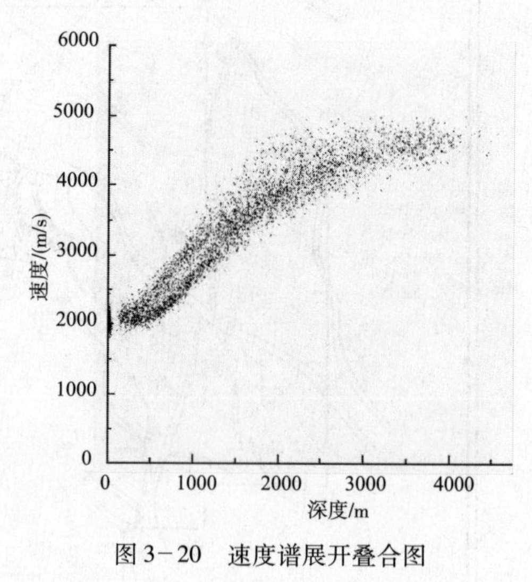

图3－20 速度谱展开叠合图

(2)对速度谱数据的插值处理。由于在资料处理过程中，速度分析密度(谱间距)一般为600m×600m，不能满足构造成图速度精度的要求。因此，对去野值以后的速度谱数据，运用克里金插值方法进行插值处理，使其插值处理后形成能满足成图精度要求的速度数据体。并通过输出速度剖面进一步检查速度数据体的质量(图3－21)。

(3)将叠加速度转换成平均速度数据体。由于地震资料处理时，作了 DMO 速度分析，因此可将叠加速度近似看成均方根速度，直接应用 Dix 公式将叠加速度数据体转换成平均速度数据体，并沿层拾取各层的层平均速度，建立各层平均速度初始模型(图 3－22)。

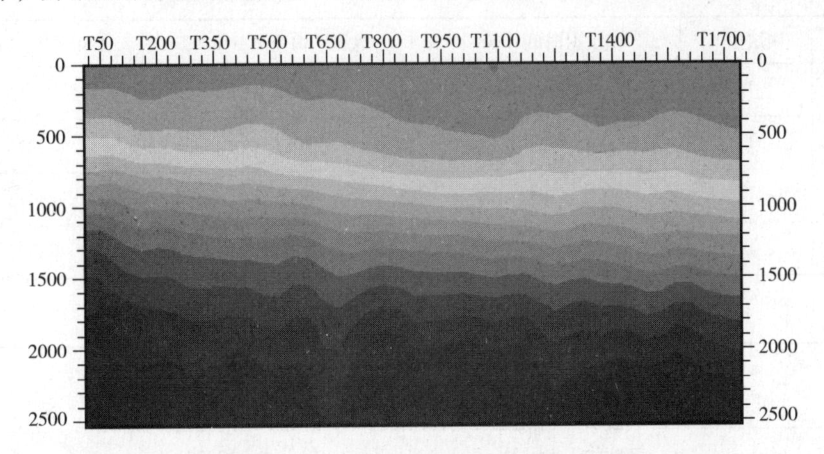

图 3－21　某测线上叠加速度剖面示意图

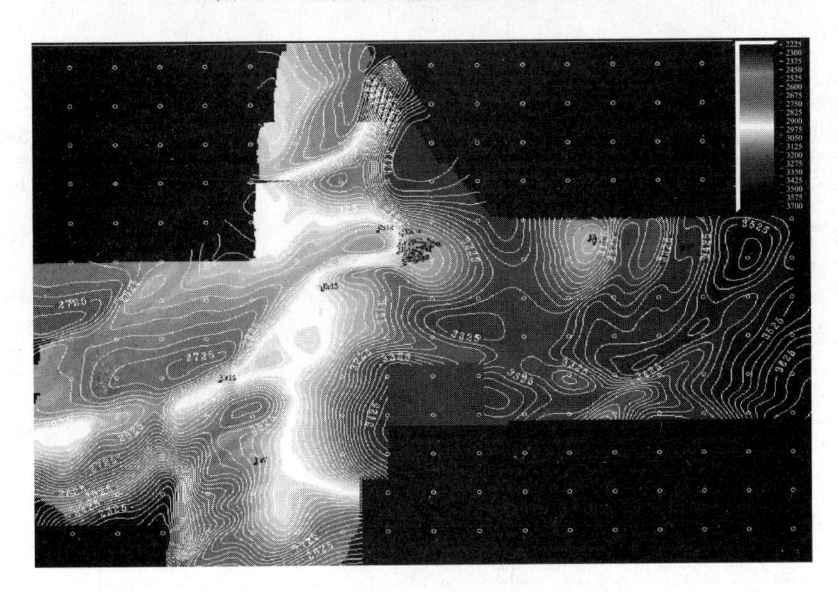

图 3－22　T_8 界面初始速度模型平面图

2)速度数据校正

地震叠加速度是一种等效速度，不能反映地震波在地层中传播的真实速度。表 3－2 是根据地震 T_8 反射层统计的地震平均速度与钻井 VSP 速度对照表，可以看出，地震平均速度整体上低于 VSP 测井速度，最大误差可达到 250m/s，因此，必须根据钻井资料对初始速度模型进行校正。考虑到区内虽有 15 口钻井，但 VSP 测井资料仍然不多，我们采取了如下的速度校正方法：

(1)由钻井资料反求地震层位的平均速度。

对工区内的每一口钻井，通过合成地震记录，对地震反射波组进行地震地质层位标定，然后根据钻井揭示的深度和地震反映的双程旅行时(t_0)，由 $V=2h/t_0$ 关系式求出各井点相应反射层位的平均速度(表3-3)。

表3-2 T_8 反射层地震速度与VSP测井速度对照表

井名	层位	反射时间/ms	地震平均速度/(m/s)	VSP平均速度/(m/s)
Es5	T_8	1812	3382.33	3455.81
Es6	T_8	1624	3081.54	3223.03
Es9	T_8	1504	3062.83	3313.44
Es13	T_8	1202	2935.65	3047.42

表3-3 根据钻井资料反求的各反射层平均速度数据表

井名 \ 速度/(m/s)	T_8	T'_8	T_9	T_{10}
Es13	3060.41		3225.81	3290.93
Es11				3160.83
Es12		2890.46	3082.22	3147.30
Es10		3152.53	3277.58	3349.95
SK8-3		3156.26	3292.9	3314.88
SK8-4			3286.18	3360.72
SK8-2			3254.73	3363.72
SK8-6	3223.00		3350.58	3428.19
SK8-1	3211.19	3395.2		
Es7	3071.62	3280.65	3440.95	
Es8	3211.19	3391.46	3494.63	
Es4	3206.37	3394.95	3519.37	
Es6	3223.03	3396.07	3541.36	
Es9	3317.84	3493.09	3581.62	
Es5	3450.14	3551.72		

比较表3-3和表3-2可以看出，通过钻井反求的平均速度与实际VSP测井平均速度极为接近，最大绝对误差≤15m/s。

(2)速度校正。

求出各井点的平均速度后，相应的速度误差值在对应井位是唯一确定的，即 $\Delta V=V_z-V_d$(其中，V_z 为由钻井反求得到的平均速度，V_d 为速度谱求得的平均速度)。应用克里金网格化插值方法，对 ΔV 由井点向外插值外推，得到了各个层位平面上任意点的速度校正值 ΔV_i（i 为网格序号）。然后用 ΔV_i 对初始的速度模型进行校正，即 $V_i = V_{di} + \Delta V_i$，得到最终的速度模型（图 3－23）。

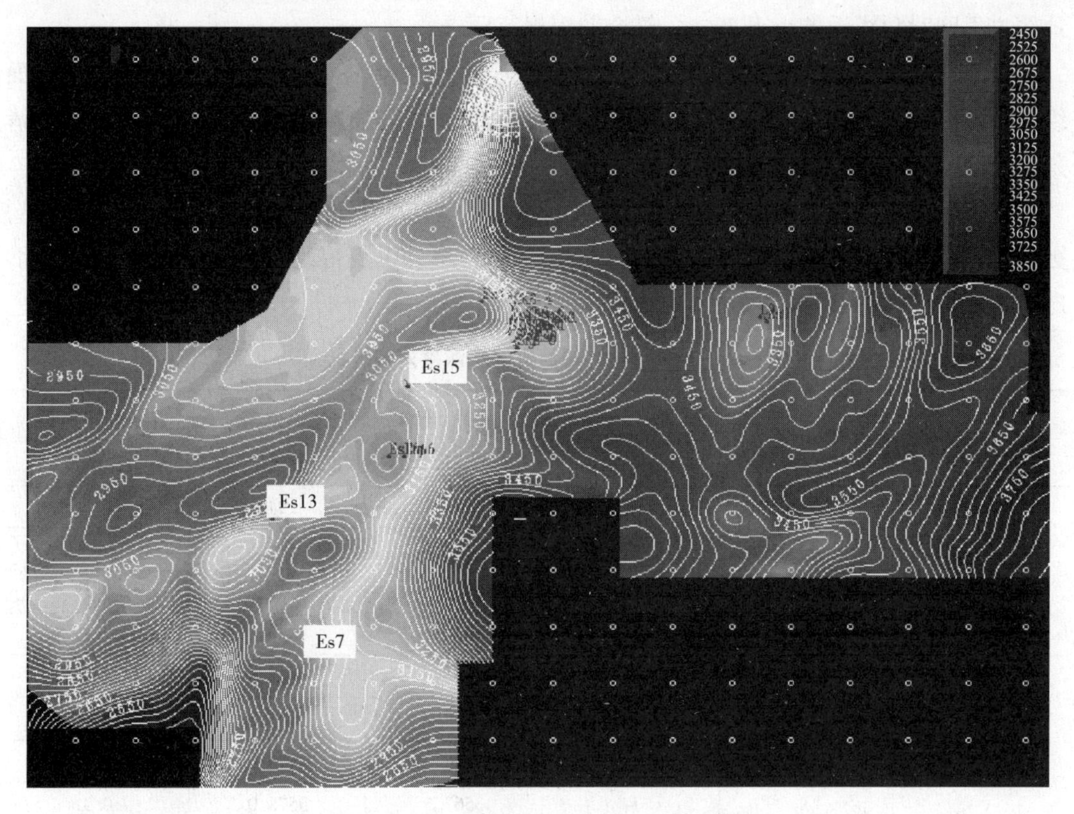

图 3－23　校正后 T_8 界面平均速度平面图

从图 3－22 和图 3－23 看出，无论是初始速度模型，或者是经过校正后的最终速度模型，都共同反映了江汉盆地西南缘地层速度的基本变化特征，而且由浅层到深层，速度的变化规律基本一致，都表现为东高西低的特征。以谢凤桥断层为界，可划分为两个速度区块，断层以东为相对高速区，而断层以西则表现为相对低速区。在此基础上，两个区速度的局部变化，均明显地受到构造形态的影响，深凹部位速度增大，而构造高部位则速度相对降低。最高速度值主要分布在东部弥沱寺向斜和牛头岗向斜，而最低速度值则主要分布在工区西南的斜坡上。上述速度的变化特征，也充分表明影响该区区域速度分布的主要因素是成岩作用。由于江汉盆地西南缘下第三系地层中，砂岩不发育，以泥岩为主，随着各地埋藏深度不一样，压实作用也不一样。深凹部位压实作用大，岩性致密，速度高些。而构造高部位，地层埋藏深度小，压实作用相对较小，速度相对也较低。

3.2.4　成图精度分析

利用校正后的速度模型及解释的层位数据、断层数据实施各个反射层的深度构造图的编制，根据深度构造图可了解相关的储层圈闭的分布情况，并可大致知道勘探或开发井所预测钻达目的层的设计深度，协助钻井设计的编写及随钻跟踪工作。地震解释所得到的深度构造图中的工区角点坐标及井位坐标由施工时实际测量数据展绘，比例尺为1∶50000，地图方里网对角线误差小于2mm，符合勘探规范要求。

地震地质层位标定方法正确，波组对比交点闭合差控制在5ms以下，断点解释及平面组合合理，层位的交点处的闭合差满足解释精度的要求。构造图面上等值线、断层标注清楚，完全符合地震勘探成图技术规范。

由于采用了变速成图方法，构造图面所反映的构造特征更加符合实际地质构造情况，更加合理。所反映的地层深度与钻井有较好的符合率，也更好地得到砂岩储层的构造形态，这也为后续的钻井资料所证实(表3-4)。

表3-4 钻井与地震解释深度对照表

井名	地层代号	波组	钻井深度/m	地震解释深度/m	相对误差/%
Es4	Eq	T_7	1945	1940	0.3
	Ej	T_8	2560.8	2552.5	0.3
	Ex_2	T'_8	3031.0	3035.0	0.1
	Ex_1	T_9	3480.2	3452.5	0.8
Es6	Eq	T_7	1545.0	1543.0	0.1
	Ej	T_8	2609.7	2661.8	2
	Ex_2	T'_8	3100.0	3113.0	0.4
	Ex_1	T_9	3567.5	3578.0	0.3
Es5	Eq	T_7	1500.5	1504.0	0.2
	Ej	T_8	3125.0	3125.0	0
	Ex_2	T'_8	3530.0	3539.0	0.3
Es9	Eq	T_7	1545.0	1541.0	0.3
	Ej	T_8	2483.0	2476.0	0.6
	Ex_2	T'_8	3010.0	2992.0	0.6

3.3 三维可视化技术

三维地震数据立体可视化技术是近年来发展的三维地震资料解释的新技术。它首先利用颜色表参数、透明度参数对原始地震数据体进行颜色的调整和透明度调整，其中相对重要的是对地震数据体作透明度调整，可使数据体呈透明显示，突出岩性或油气异常显示。具体为通过透视整个地震数据体，使我们能够在三维空间里对地下的地震反射界面、断层面及特殊地质体作直接解释。这种解释主要是利用不同的“雕刻”方法，将与地质体有关的地震数据从原始的数据体中分离出来，再利用颜色表参数、透明度参数对分离出来的地震数据进行再一次颜色调整和透明度调整，透视局部地震数据，完成三维地震资料的可视化解释。最终，间接获得反映地质体形态的层位数据，进行反射层面的可视化显示及平面形态的工业制图。

三维可视化技术的应用主要包括两方面的内容：一方面是数据体、断层、层位的三维立体显示；另一方面是三维体的可视化解释。

三维可视化解释的过程，分步骤描述为：

第一步，形成地震数据体，对数据体进行质量控制。该数据体是基于体素(Voxels)的。在该数据体中，每一个数据样点都被转换成为一个体素。体素是一个大小代表面元和采样间隔的三维像素。每一个体素具有一个与一般三维数据体相对应的 T_0 数据、振幅值、一个红、绿和蓝(RGB)变量值以及一个透明度变量值，所有变量允许用户按一定规则作调整。因此，每个地震道就被转换成为一个体素柱。多个地震道转换成为多个体素柱，形成特殊形式的数据体，是三维可视化解释的基础数据。任何一种三维可视化解释的软件，都将原始地震数据转换成这种数据体格式。

对工区地震数据进行质量控制，目的在于最大程度地减少地震数据的质量对可视化解释的影响，对较差的资料进行编辑或异常值压制。使用直方图统计数据体的数值范围，是实现对数据体进行质量控制的很好的方法之一。在实际研究过程中，要求地震数据的动态范围尽可能地大，数据体包括的零值尽可能地少。解决的办法是通过设置数据格式转换的切除值来改变数据的动态范围，以使研究区域内资料的统计特性得到改善。

地震资料的振幅，可以利用其振幅值分布的统计特性进行分带。利用这种分带系统，结合透明度调整，进行数据体的可视化解释。在同一编辑窗口内，编辑透明度曲线，使振幅数据的颜色区域与其透明度相对应位置进行调整，便可用来指导在何处、如何来调整透明度曲线数值，以便突出所关心的特定地质体的振幅特征。经过上述调整，得到该地质体的特性的最佳显示。另一方面，各区带中数据点个数总体上与振幅强度成反比，因此，各区带中透明度调整的幅度，应该使透明度数值随着振幅值由大到小的变化而变大。根据振幅调整原理，可对裂缝密度数据体或 AVO 梯度数据体、泊松比等数据体进行三维可视化解释，突出这些数据体与油气储层相关的异常值，从而在三维数据体上确定出有利储层段的分布位置。

第二步，数据体快速观察。这个步骤的主要目的是，确定研究的主要目的层段，了解目的层段的反射特征，进而确定研究目的层段。可以使用线性颜色表，对数据体 3 个方向的常规剖面和切片进行动画观察，也可以使用一些非线性的颜色表结合数据的体透明显示，用以改变数据显示的连续性，突出某一部分地震数据的显示特征，从而增加数据的可视效果，视觉上分离出代表着地质体或地质构造的几何体。对于潜在的、可能的目的层段，雕刻一定的数据段进行动画观察，结合体的透明多角度显示，有利于发现一些潜在的地质目标。对于地层倾斜的地区，使用这种快速观察方法，为了保证切割出的地震数据，基本反映同一地质时期的沉积，发现一些潜在的地质目标，可以首先使用层拉平方法，对数据体进行拉平，在拉平后的数据体上进行数据段的透明体观察。层拉平数据体方法简单，可以有多种方法实现得到相应层位数据，而且是保证每一个数据道上都有相应的层位数据。

第三步，层位的标定。层位的标定是传统层位解释的基础工作，也是三维可视化体解释的重要步骤。合成地震记录标定方法，亦被可视化解释方法所采用。传统二维标定结果，可以插入数据体的内部，与数据体内的数据进行对比。通过浏览数据体得到的结果，也要和标定结果进行对比。

第四步，对发现的目标及标定好的目标体，进行体的可视化解释。具体解释的方法是采用了 3 类不同的数据体雕刻方法，将目标体的数据从大的原始数据中分离出来。

第五步，将体可视化解释的层面及断层面数据进行三维立体可视化显示，最终将层面数据形成比例的、等值线平面图。这个步骤可以叫做层面可视化显示。

这个步骤帮助我们从层面的角度，检查体可视化解释获得的层面或断层数据的准确性。使用这种方法还可将传统线、道解释的成果输入，输出或检查其成果的可靠性。这种显示效果本身，帮助解释者从立体的角度观察层面及断层面在空间的变化，建立起层面及断层面的空间立体模型。通过辅以颜色和光源的变化，使层面及断层面在空间的变化规律突出出来。

三维可视化解释对数据体质量要求较高，由于这次三维解释的数据体不规则，局部数据的品质相对较差，因此仅应用可视化的立体显示功能，对解释结果包括层位和断层进行立体分析和质量监控(图 3-24、图 3-25)。

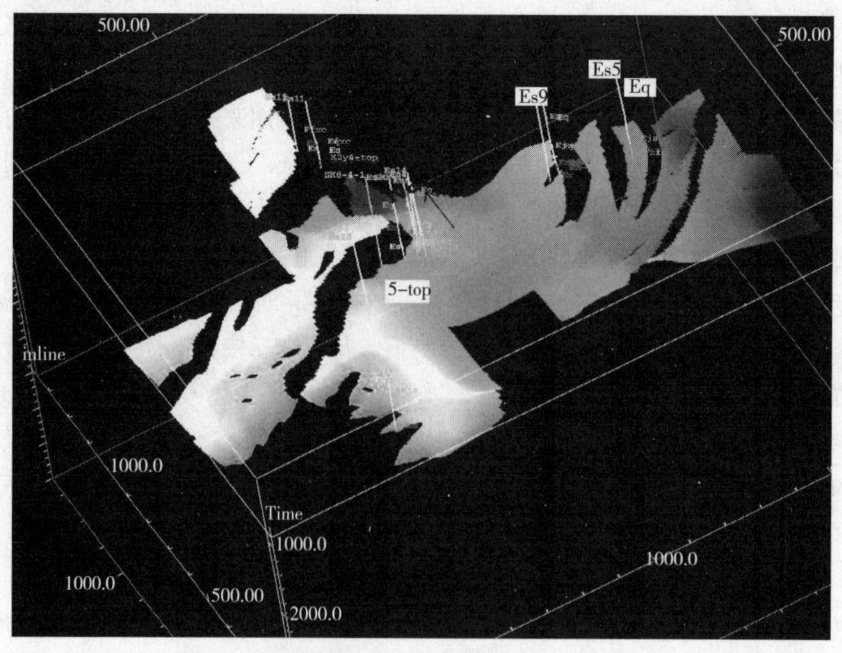

图 3-24　松滋油田的 T_8 反射层三维立体显示图

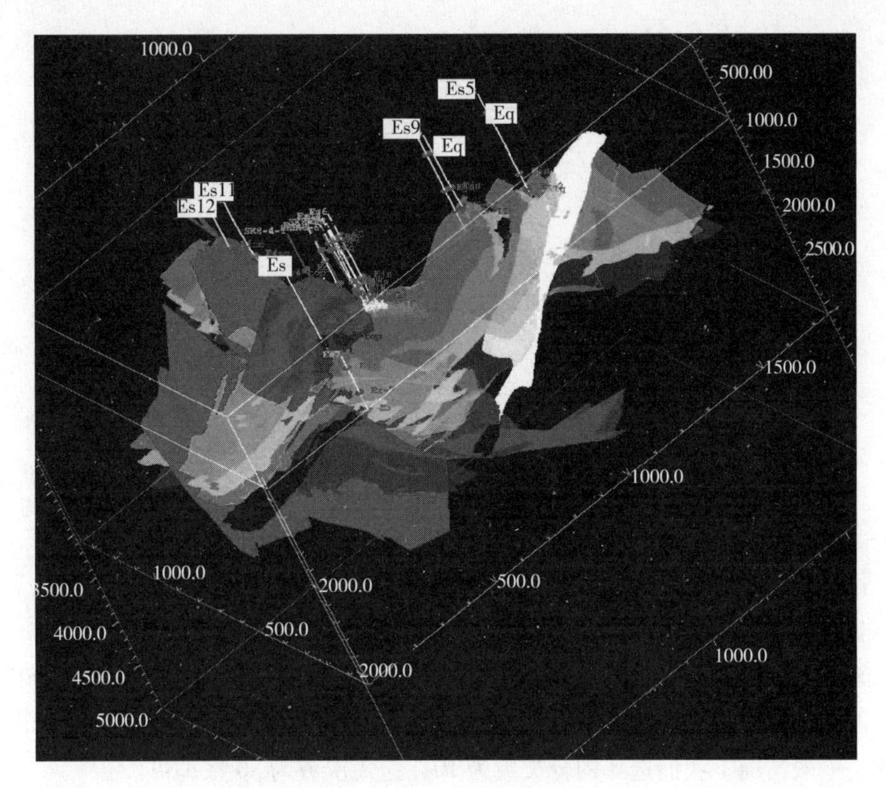

图 3-25 松滋油田的断层结构立体显示图

3.4 地震相分析技术

地震相是对特定沉积体的地震响应，即当沉积相单元发生变化时，其地震反射特征(包括振幅、频率、相位、积分能谱等)也必定发生变化。地震层段的地震相分析是利用人工神经网络技术对选定的目标层段进行分类、学习、记忆和分析，建立模型道，这些模型道代表了目的层段内地震道波形的变化，然后，通过自适应试验和误差处理及波形分类与分析，得到各种不同的地震相。

Stratimagic 软件提供了地震相分析的手段，基本工作流程如图 3-26 所示。

该区具有断层发育、构造复杂、目的层埋藏深、储层及含油气性横向变化大和地震波场复杂的特点。这次地震相分析主要针对目前已经证实的含油层段，包括新沟咀组下段第 9 层、第 13 层、沙市组下段砂岩层及白垩系渔洋组 K_2y^3、K_2y^4 等层段。有关分析参数的选取如下：

(1)分析时窗。地震相分析时窗的选取，必须满足一个完全的波形，即 $\Delta t \geqslant T$(T 为地震波周期，Δt 为分析时窗长度)，根据本区地震资料频率特征(主频 28～35Hz)和储层厚度特征，选择分析时窗长度为 50～100ms。

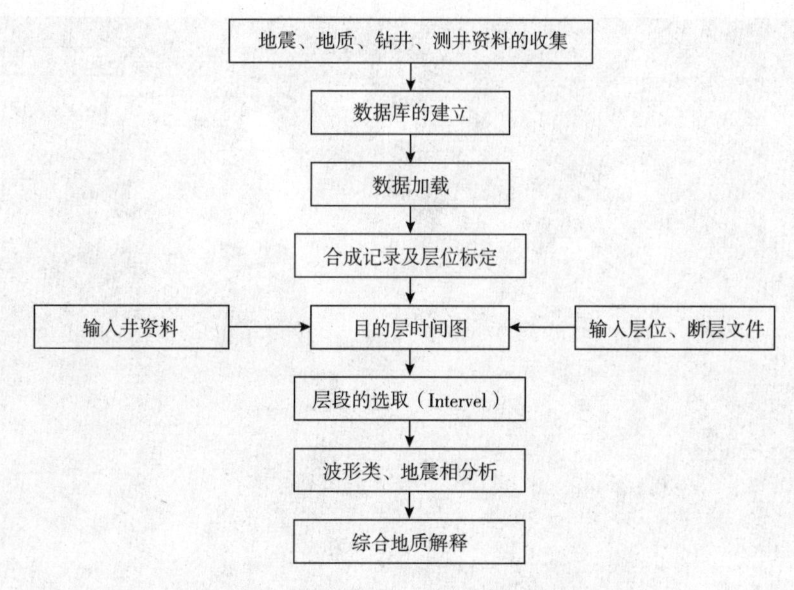

图 3-26　地震相分析工作流程图

(2)波形分类数和迭代次数。一般而言，波形分类越细，迭代次数越高，分析的精度就越高。但是，随着分类数和迭代次数增大，运算时间就会成倍增长，大大降低工作效率。因此，一般情况下我们选择的分类数为 10，迭代次数为 30 次即可。

3.4.1　沉积相研究

1)河流沉积体系

河流沉积体系主要包括两大相组合类型：

(1)冲积扇—辫状河流相组合。冲积扇是指山区河流冲出山口后，沿山麓堆积的扇状粗粒沉积体，冲积扇顺坡向下递变为辫状河沉积。江汉盆地西南缘的下白垩统石门组和五龙组，以及上白垩统罗镜滩组，都属于冲积扇—辫状河流相；复Ⅱ号断块的 Es13、Es15 井钻穿上白垩统下部地层，钻井资料也揭示属于冲积扇—辫状河流相。冲积扇相的岩性以杂色砾岩、砂砾岩和含砾砂岩为主，分选性差；辫状河流相的岩性为浅灰色不等粒砂岩与棕色砂质泥岩互层，显示向上变细的正向韵律特征，其中的河道砂岩具有很发育的交错层理和冲刷构造。

(2)洪泛平原—曲流河—网状河流相组合。这是河流壮年期，在平原地貌背景上发育的河流沉积组合。它是推移质沉积和悬浮质沉积均很发育的沉积层序；在垂向上的剖面中，呈现下粗上细的正向韵律层，以曲流河边滩砂坝和网状河的河间砂坝层系组成韵律的下部，向上逐渐过渡为河漫滩(天然堤)和洪泛平原悬浮质沉积，有时见有决口扇沉积呈夹层出现。韵律层下部的砂岩具有底冲刷面并含有泥砾，平行层理和交错层理都很发育，砂岩中有时夹有牛轭湖相暗色泥岩薄层；韵律层上部的棕色泥岩和粉砂质具有不清晰的断续可见的水平层理，生物潜穴和生物扰动构造比较发育。

2）湖泊—三角洲沉积体系

该体系按湖水深度、含盐度以及湖底是否有三角洲或浊流作用等因素，可进一步划分为下述的8个相组。

（1）浅湖相。该相包括浅水泥坪亚相和近岸浅滩亚相，前者岩性为棕色、灰棕色泥岩和粉砂质泥岩，具有断续水平层理，后者岩性为灰棕色席状粉砂岩，浅滩砂体为本区的储集体沉积微相之一，岩性以粉砂岩、粉砂质泥岩为主，粒度中值一般为0.02mm左右，岩心剖面纵向上表现为下细上粗的正粒序结构岩性组合。

（2）咸化浅湖相。相对干旱时期，浅水湖的含盐度增高到石膏析出的临界度时，发育了棕色膏泥岩和泥膏岩沉积，这称为咸化浅湖相。该相主要发育于沙市组、新沟咀组下段Ⅰ油组。

（3）盐湖相。气候特别干旱时期，湖水蒸发浓缩到盐饱和浓度时，就会出现盐岩的发育阶段，从而在湖底发育了盐岩、钙芒硝、石膏、泥膏岩沉积序列，这称为盐湖相。

（4）半深湖相。湖泊的深水区与浅水区互为过渡的水域，湖底水中氧气不是很充足，处于弱还原环境，沉积物多为灰绿色泥岩，或者为灰绿色泥岩与灰棕色泥岩互层，具有断续水平层理，这种沉积层段，属于半深湖相。

（5）深湖—咸化深湖相。湖泊水体很深，缺氧，处于还原—强还原环境，水体的含盐度随气候干湿程度不同而变化，沉积物多为深灰色泥岩夹深灰色膏泥岩。

（6）深湖—浊积扇交替相。该相见于潜江组上段的下部地层，本区的新沟咀组下段Ⅲ油组，为深湖相灰绿色泥岩夹灰黑色薄层油页岩，与浊积扇沉积的灰色粉—细砂岩组成不等厚互层。浊积扇相主要发育于新沟咀组下段Ⅲ油组—沙市组上段，其单层砂体厚度较薄，一般为1~2m，局部也可达4m左右。泥岩颜色以灰、深灰色为主，向下渐变为以棕色为主，砂岩以粉砂岩为主，以薄层状分布于地层中。

（7）浅湖—水下扇相。该组合主要发育于沙市组地层中，由于研究区在沙市组沉积时期，为内部断陷型活跃，水下扇砂体容易在断层的下降盘堆积而成。泥岩颜色以棕色为基色，水下扇砂岩粒度相对较粗，以粗粉砂和细砂为主，分选性差，磨圆度为次棱角状。

（8）滨浅湖—三角洲沉积相。这个是河流相与湖泊相带之间的过渡型相带。在平原河流流入湖区的部位，如果湖岸线随时间推移而变位不定，即滨湖—三角洲相带的范围随之变化；反之，如果湖岸与同生断层彼此叠合一致，即滨浅湖—三角洲相带的范围也大致不变。

在研究区内主要发育的河流类型是曲流河，属中—高弯度河流，水深流缓，坡降不大，沉积物偏细。河道沉积主要由河床砂的侧向加积形成，河道相对稳定，堤岸及岸后的泛滥平原十分发育，剖面分布表现为下粗上细，二元结构十分明显，多由向上正韵律递变组成多个完整旋回。岩层砂泥比值较小，为0.5左右。一个完整旋回在电阻率曲线上表现为钝底缓顶的圣诞树型，在井区它是层序高水位晚期的主要物质构成。曲流河可分为3个亚相、10个微相，分别阐述如下：

(1)河道亚相。包括河床、边滩、流槽、流槽砂坝4个微相。河床由滞留砾岩组成。多为细砾、粗砂岩、砾石，分选性、磨圆度较好，呈叠瓦状定向排列，伴有底冲刷充填构造，位于曲流河沉积序列的底部。边滩发育于河床沉积之上，由分选性磨圆度较好的细粒长石砂岩或岩屑砂岩组成，发育板状斜层理、槽状交错层理及平行层理，顶部偶见小型沙纹层理及波状层理，含植物碎屑。粒度概率曲线具河流型二段式，与辫状河相比，跳跃段总体斜率较大，分选性较好、水动力条件相对均匀。一般厚10~30m。

(2)堤岸亚相。包括天然堤、决口扇微相，位于曲流河沉积序列中上部。以粉砂岩为主，沉积于边滩之上，发育小型斜层理。决口扇岩性以粉砂岩为主，为分选性差的不等粒砂岩，夹于泛滥平原的泥质岩之中，具正粒序层理。天然堤岩性有时稍粗。

(3)洪泛平原亚相。常见棕红色泥岩和薄层的棕红色粉砂岩及细砂岩。泥岩沉积多位于曲流河沉积二元结构上部，常与决口扇沉积交互，反映曲流河泛滥平原上湖泊泥岩频繁地暴露水面及堤岸决口的泛滥事件。棕红色粉砂岩及细砂岩夹于厚层湖泊微相之中，厚度小，一般约为2.5m。

3.4.2 沉积相波形特征

从地震反射波形分析结果并结合地震剖面进行分析，显示该研究区的陆相沉积发育，其中的水下扇体基本上沿大断层的下降盘展布(图3-27)。水下扇相的地震反射特征为整体上呈相对平缓状，内部也呈短轴、强反射状，相体内局部有眼球状特征，平面上为扇形结构。水下河道则呈凸透镜状，与周围的反射同相轴有一定的区别，平面上呈扭曲状展布(图3-28)，连续性较差，其地震波组特征为强振幅、低频，边界较为清晰。

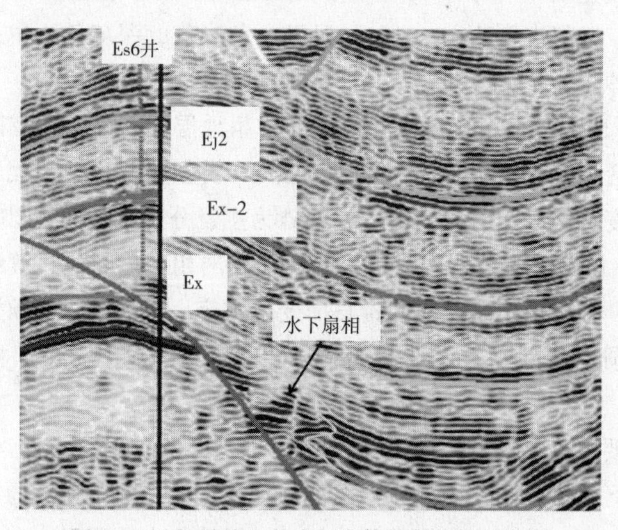

图3-27 松滋油田的水下扇体反射特征示意图

陆相三角洲相其地震内部反射结构有斜变型、S型和复合S—斜交型前积结构等反射特征，本区主要有复合S—斜交型前积结构(图3-29)。由该图可见反射同相轴相对杂乱，但其顶积层为高振幅，连续性好，平行和亚平行反射，岩性特征为粉砂岩、泥岩互层组成，代表三角洲平原地震相，斜交前积层向盆地倾斜，具有中—高振幅，连续性较好的地震反射结构特征；底积层为低振幅、中—低连续性地震反射特征，主要由泥岩组成，代表前三角洲地震相。

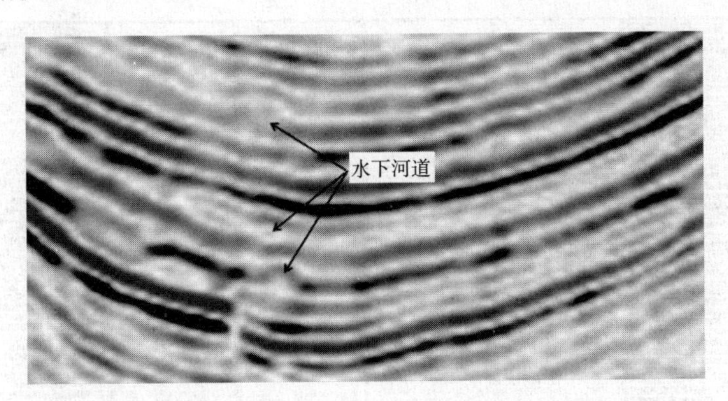

图3－28　松滋油田的水下河道反射特征示意图

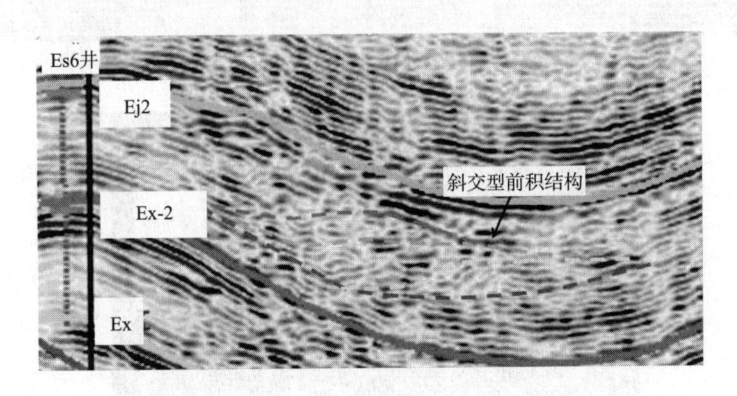

图3－29　松滋油田的斜交型前积结构的反射特征示意图

3.4.3　地震相特征

在进行地震相分析之后，结合区域沉积环境模式及钻井、测井等资料综合分析、预测目的层段的沉积相及其特征。

1）白垩系渔洋组

以T_{10}为参考层位，向下取200ms的计算时窗，波形分为8类，各模型道如图3－30所示，叠代次数为20次，道及线方向的增量为4，得到的地震相图如图3－31所示，全区可以分为4个相区，分别为Ⅰ、Ⅱ、Ⅲ、Ⅳ相区。

（1）Ⅰ相区。从波形分类的颜色上看，主要为绿色、蓝色、紫色分布的相区（模型道主要为5、6、7、8），呈块状分布，位于工区的西北部，在地震剖面上反射波表现为中频、中振幅、较连续的平行反射结构，反映了浅水中的高能环境沉积特征，推测为辫状河流相沉积。

（2）Ⅱ相区。从波形分类的颜色上看，主要为绿色、蓝色、紫色、棕色相间或混杂分布的相区(模型道主要为1、5、7、8)，主要分布在谢凤桥断层以西的上升盘，呈北东向的条带状分布在三维工区的中部，在地震剖面上反射波表现为中频、不连续、弱振幅，反映一种浅水、斜坡、强水动力条件下的沉积特征，推测为洪泛湖—曲流河相沉积。

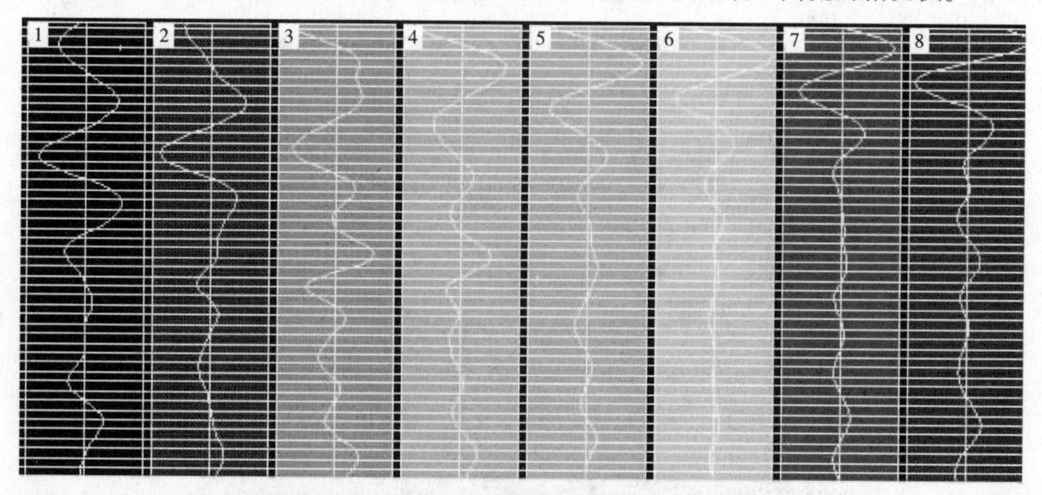

图3-30　白垩系渔洋组波形分类模型道示意图

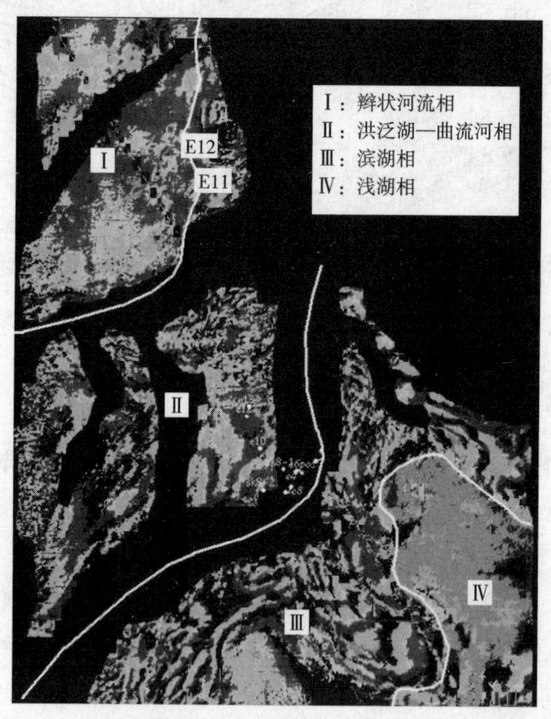

图3-31　松滋油田的白垩系渔洋组地震相及沉积相平面图

(3)Ⅲ相区。从波形分类的颜色上看，为绿色、蓝色、棕色分布的相区，呈块状、环状分布，位于工区内谢凤桥断层以东的下降盘，在地震剖面上反射波表现为中—低频、强振幅、较连续的平行—亚平行反射结构，反映了相对弱的水动力沉积环境特征，推测为滨湖相沉积。

(4)Ⅳ相区。从波形分类的颜色上看，为以桔黄色为主的相区(模型道主要为2、3)，呈大型块状分布，位于工区的东部，在地震剖面上反射波表现为低频、中—强振幅、较连续的平行反射结构，反映了水流环境平稳特征，推测为浅湖相沉积。

2)沙市组

以T_{10}为参考层位，向上取100ms的计算时窗，波形分为8类，各模型道如图3－32所示，叠代次数为20次，道及线方向的增量为4，得到的地震相图如图3－33所示，全区可以分为5个相区，分别为Ⅰ、Ⅱ、Ⅲ、Ⅳ、Ⅴ相区。

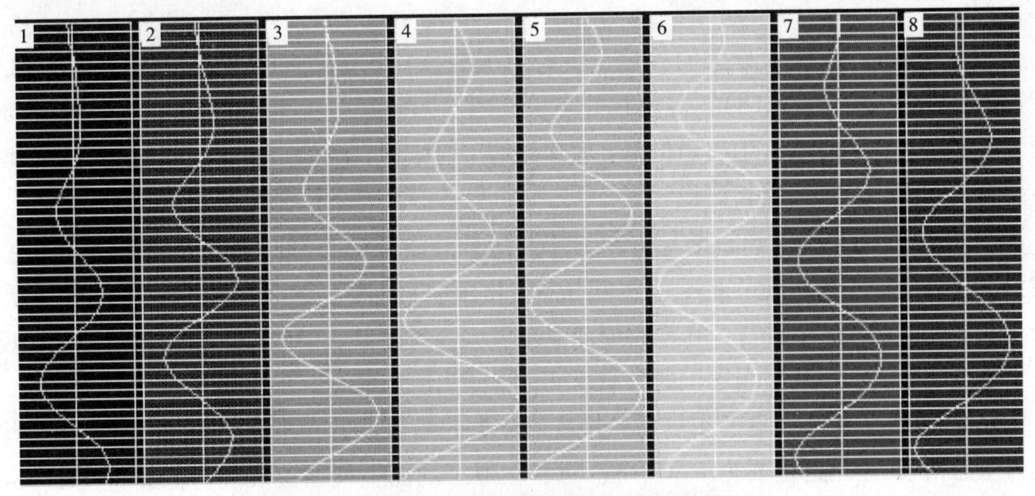

图3－32　沙市组波形分类模型道示意图

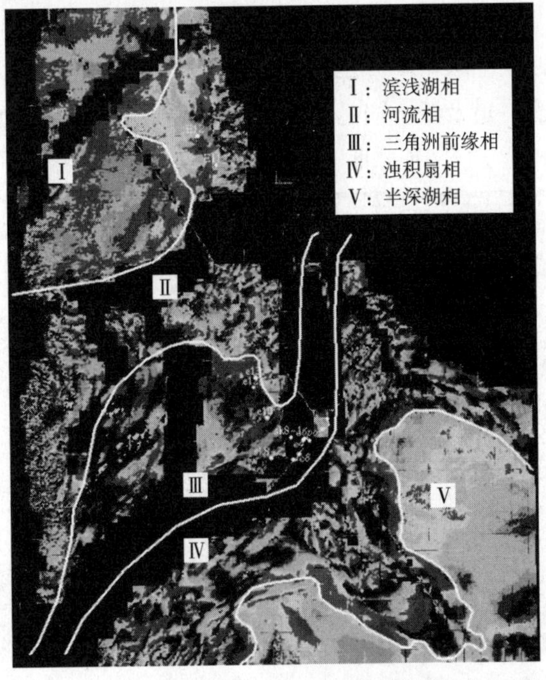

图3－33　松滋油田的沙市组地震相及沉积相平面图

（1）Ⅰ相区。位于工区的西北部，从波形分类的颜色上看，主要为绿色、黄色、紫色分布的相区（模型道主要为3、4、7、8），呈块状分布。在地震剖面上反射波表现为中频、中振幅、连续，外形为席状，内部为平行反射结构，反映了浅水中的低能环境沉积特征，推测为滨浅湖相沉积。

（2）Ⅱ相区。位于工区的中西部，从波形分类的颜色上看，主要为绿色、蓝色、棕色相间或混杂的相区（模型道主要为1、6、7、8），呈现出杂而碎的特征。在地震剖面上反射波表现为中频、较连续、中振幅，反映一种浅水、较高能环境的沉积特征，推测为河流相沉积。

（3）Ⅲ相区。从波形分类的颜色上看，主要为紫色、绿色、蓝色、棕色分布的相区（模型道主要为1、2、5、8），呈块状分布，位于工区内谢凤桥断层的上升盘，在地震剖面上反射波表现为中频、中—弱振幅、较连续的反射结构，反映了浅水较高能的沉积环境特征，推测为三角洲前缘相沉积。

（4）Ⅳ相区。位于谢凤桥断层以东，从波形分类的颜色上看，主要为以紫色、棕色、黄色、蓝色、绿色相间混杂或带状分布为主的相区（模型道主要为1、2、7、8），呈扇形分布在谢凤桥断层的下降盘，在地震剖面上反射波表现为低—中频、中振幅、短轴状，反映了受到断层活动控制滑塌堆积的沉积特征，推测为浊积扇相沉积。

（5）Ⅴ相区。位于工区的东南角，从波形分类的颜色上看，主要为以绿色、蓝色、棕色为主的相区（模型道主要为1、4、5、6）。在地震剖面上反射波表现为低频、连续、强振幅的平行反射结构，反映一种较低能环境的稳定沉积特征，推测为半深湖相沉积。

3）新沟咀组下段

以 T_9 为参考层位，向上取100ms的计算时窗，波形分为15类，各模型道如图3－34所示，迭代次数为30次，道及线方向的增量为1，得到的地震相图如图3－35所示，全区可以分为4个相区，分别为Ⅰ、Ⅱ、Ⅲ、Ⅳ相区。

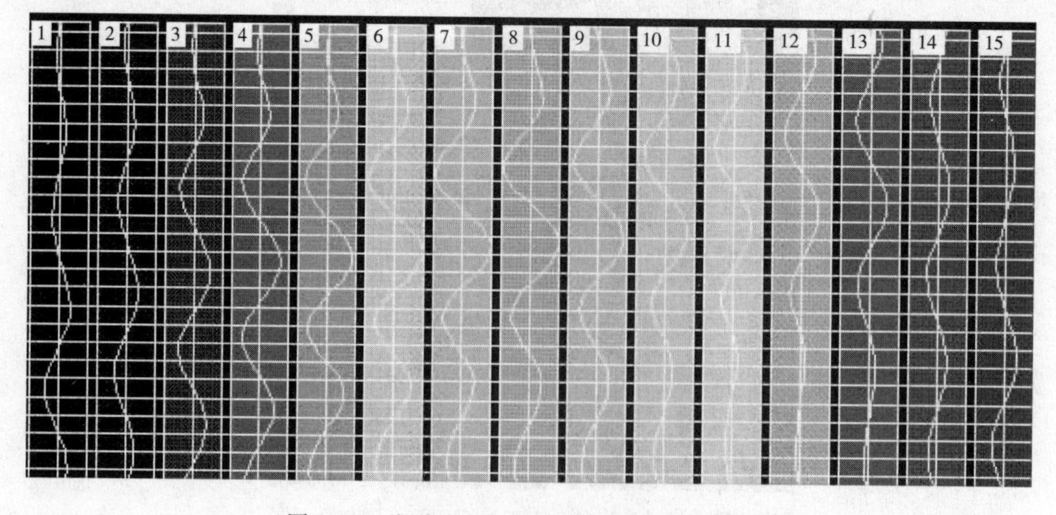

图3－34　新沟咀组下段波形分类模型道示意图

(1) Ⅰ相区。位于工区的西北部，从波形分类的颜色上看，主要为以红色、黄色、绿色为主的相区(模型道主要为1、2、7、8)，块状分布。在地震剖面上反射波表现为中频、中振幅、较连续的平行反射结构，推测为浅湖相沉积。

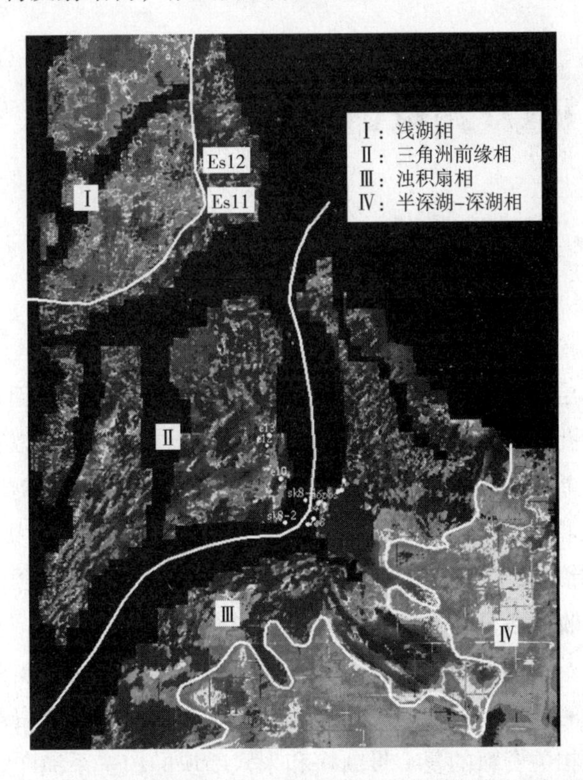

图3-35 松滋油田的新沟咀组下段地震相及沉积相平面图

(2) Ⅱ相区。呈北东向带状分布于工区的中部，从波形分类的颜色上看，主要为以深蓝色、棕色为主的碎花状相区(模型道主要为1、2、11、15)，夹杂有绿色和黄色的特征，局部呈块状展布。在地震剖面上反射波表现为中频、不连续、强振幅的平行反射结构，推测为三角洲前缘相沉积。

(3) Ⅲ相区。位于谢凤桥断层以东，呈环状紧邻该断层的下降盘，从波形分类的颜色上看，以蓝色为主，间夹紫色、棕色，局部呈杂乱状展布(模型道主要为1、2、11、12、15)，而远离断层的区域则呈块状分布(模型道主要为1、6、10、11)。在地震剖面上反射波表现为中频、中振幅、较连续的平行反射结构，但波形不稳定，反映沉积环境不稳定，水动力条件较强的特征，推测为浊积扇相沉积。

(4) Ⅳ相区。分布在工区的东南角，从波形分类的颜色上看，以蓝、绿色为主，夹杂棕色和黄色，块状分布。在地震剖面上反射波表现为中频、连续、强振幅的平行反射结构，推测为半深湖—深湖相沉积。

4 砂岩储层预测

江汉盆地西南缘松滋油田的下第三系—白垩系上统地层纵向上发育有多套砂岩储层系列，但砂岩储层的单层厚度小，横向连续性差，单个单元储层分布面积小且无规律。砂岩岩性相对比较致密，孔渗性差，属低孔低渗或特低孔低渗储层。在以往的研究中发现，本区砂岩储层对声波时差比较敏感，通常含油气的储层都表现为声波时差增大，即声波速度降低。此外，对振幅特征和频率特征也有一定的反映，一般表现为相对强振幅(亮点特征)、低频特征。因此，研究中拟对砂岩储层的分析主要以井震联合反演方法为主，并结合地震属性提取、吸收系数分析等多项技术综合进行。

由于储层的解释及预测在很大程度上依赖于钻井资料、地震资料的品质以及我们以前对砂岩储层研究认识的程度，因此，本次储层分析主要针对有钻井资料约束并取得了相应的油、气、水及其他相关资料的复1号断块和采穴断块的白垩系渔洋组 K_2y^3、K_2y^4 两个含油层段、谢凤桥—丁家湖区块的新沟咀组下段Ⅲ油组第9层和第13层，以及新沟咀组下段Ⅱ油组的油气显示层位。

4.1 储层地震标定方法

储层标定是储层横向预测的基础，其实质是综合利用地震、地质、测井信息对井中钻遇的储层在地震剖面或波阻抗剖面上进行准确地标定。

由于江汉盆地西南缘松滋油田的砂岩储层普遍埋藏较深，其与围岩的物性差异不大，地震反射能量弱，横向连续性差，加上不同构造区块储层的地震、测井响应参数特征可能存在千差万别的情况。因此，对不同井区、不同构造区块都分别进行标定，确定储层的准确位置。具体方法分为下述2个步骤：

(1) 测井曲线标定。根据钻井中储层的深度标定到测井曲线上，分析储层的测井响应特征，并由此得到储层相关的测井响应参数。图4-1(a)、图4-1(b)和图4-1(c)分别是复1号断块Es10井、SK8-2井和Es8井的白垩系 K_2y^3、K_2y^4 储层测井曲线标定图及储层段对应的相关测井响应参数数据(包括波阻抗数据)。

图 4-1(a) Es10 井 K_2y^3、K_2y^4 储层测井标定示意图

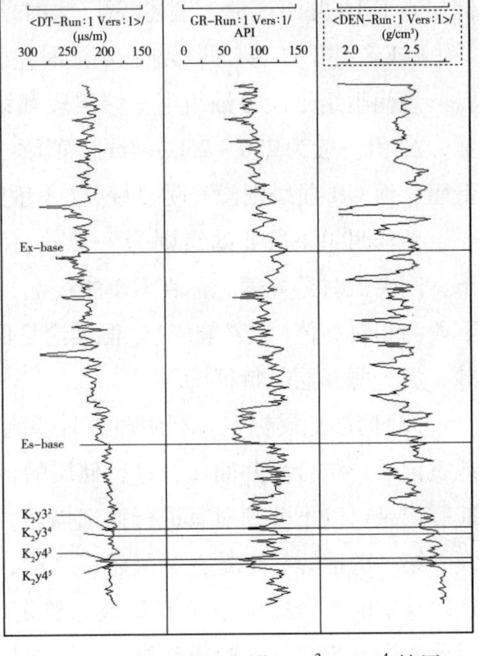

图 4-1(b) SK8-2 井 K_2y^3、K_2y^4 储层测井标定示意图

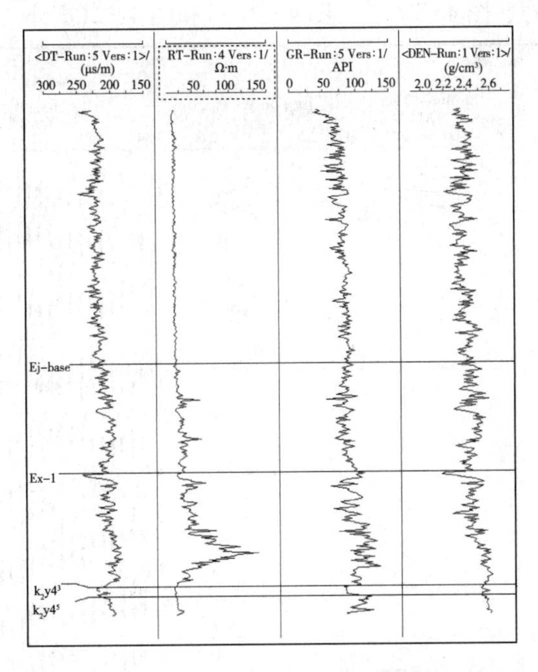

图 4-1(c) Es8 井 K_2y^3、K_2y^4 储层测井标定示意图

从图 4-1(a)、图 4-1(b)和图 4-1(c)上来看，白垩系 K_2y^3 储层在声波时差曲线和电阻率曲线上表现为相对大时差和相对高电阻率，在 GR(自然伽马)曲线上则表现为相对

低值；K_2y^4 储层和 K_2y^3 储层有所不同，总体特征为相对大时差、低电阻和低 GR 值。K_2y^4 储层在 Es10 井不产油，上述特征(大时差、低 GR、低电阻率)不明显。而 K_2y^3 储层在 SK8-2 井和 Es8 井不产油，同样地在声波时差曲线、电阻率曲线和 GR 曲线上也没有响应。

新沟咀组下段Ⅲ油组第 9 储层段和第 13 储层段对声波测井比较敏感，时差增大较明显，Δt 值一般为 230～250μs/m，而围岩 Δt 值一般为 190～210μs/m。电阻率表现为相对低阻，而 GR 曲线则没有明显变化(不敏感)。

新沟咀组下段Ⅱ油组则为一套砂、泥岩薄互层，在声波时差曲线表现为大时差背景下，间夹低时差峰值；而在 GR 曲线上，大致可分为两段：上段为相对低值(砂层响应)。下段为相对高值(泥岩响应)。但无论是低值段还是高值段，都呈锯齿状跳跃变化，反映了砂、泥岩薄互层的特征。

(2)储层地震标定。利用声波时差测井曲线(经过环境校正和归一化处理)，制作合成地震记录，结合测井曲线，进行储层的地震标定。为了提高标定的精度，制作了两次合成地震记录。以下分别对其进行详细描述。

第一次地震标定是在储层建模之前，直接通过合成记录在常规地震偏移剖面上标定，这次标定由于合成记录子波是人为给定的 Rike 子波，并非是从实测地震记录中提取的，因此，标定相对是比较粗略的，其目的是通过第一次标定，实现在地震剖面上储层的初步对比追踪，建立储层的初始模型，为后续的井震联合反演、沿层属性提取及小层地震相分析奠定基础[图 4-2(a)、图 4-2(b)、图 4-2(c)和图 4-2(d)]。

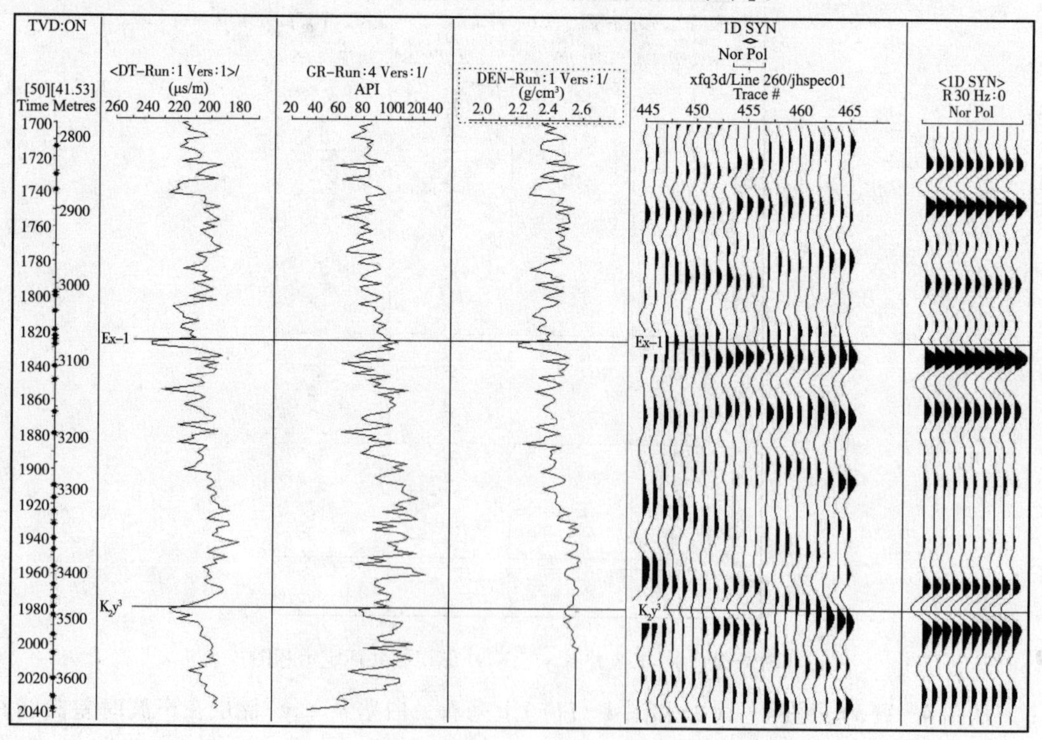

图 4-2(a) Es8 井合成地震记录地震地质层位标定图

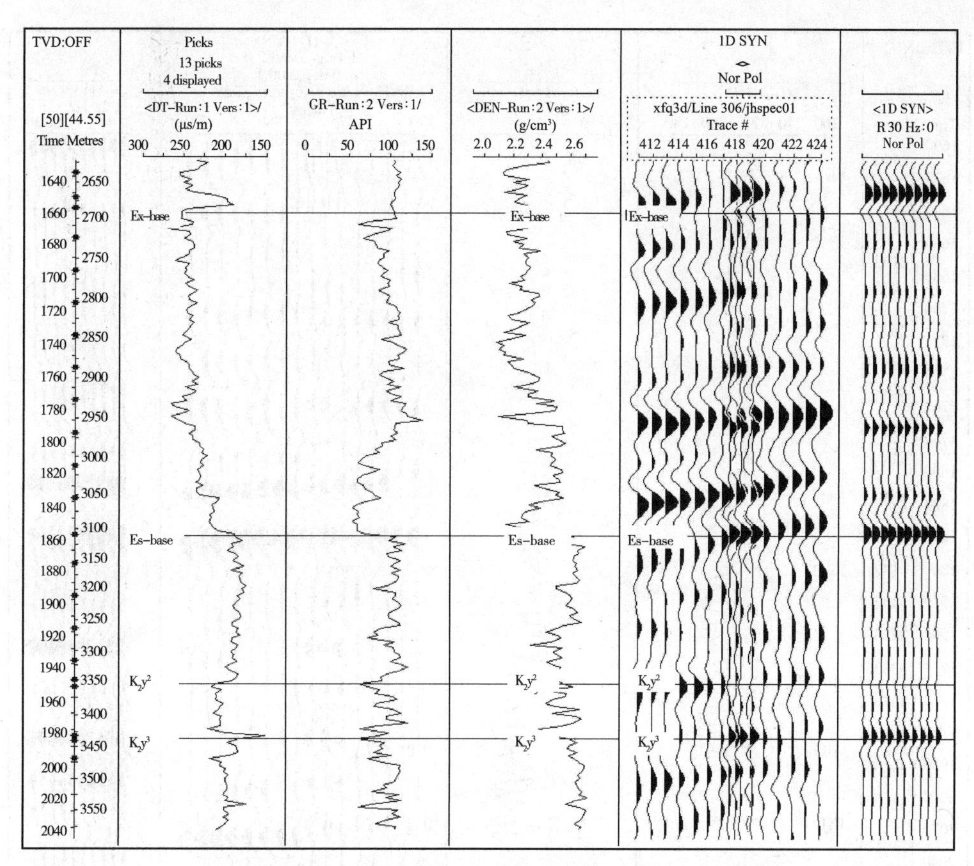

图 4-2(b) Es10 井合成地震记录地震地质层位标定图

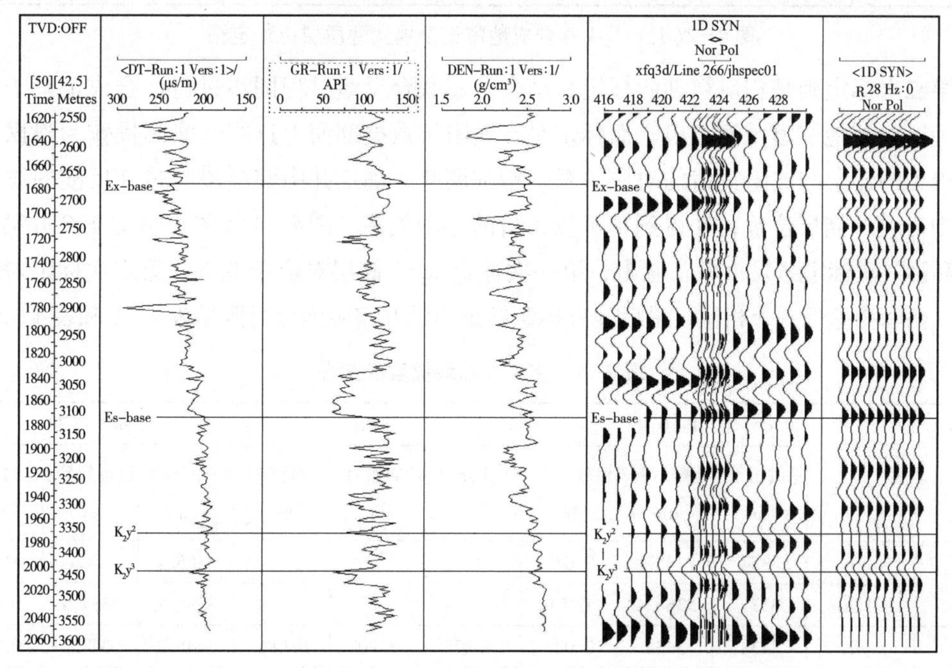

图 4-2(c) SK8-2 井合成地震记录地震地质层位标定图

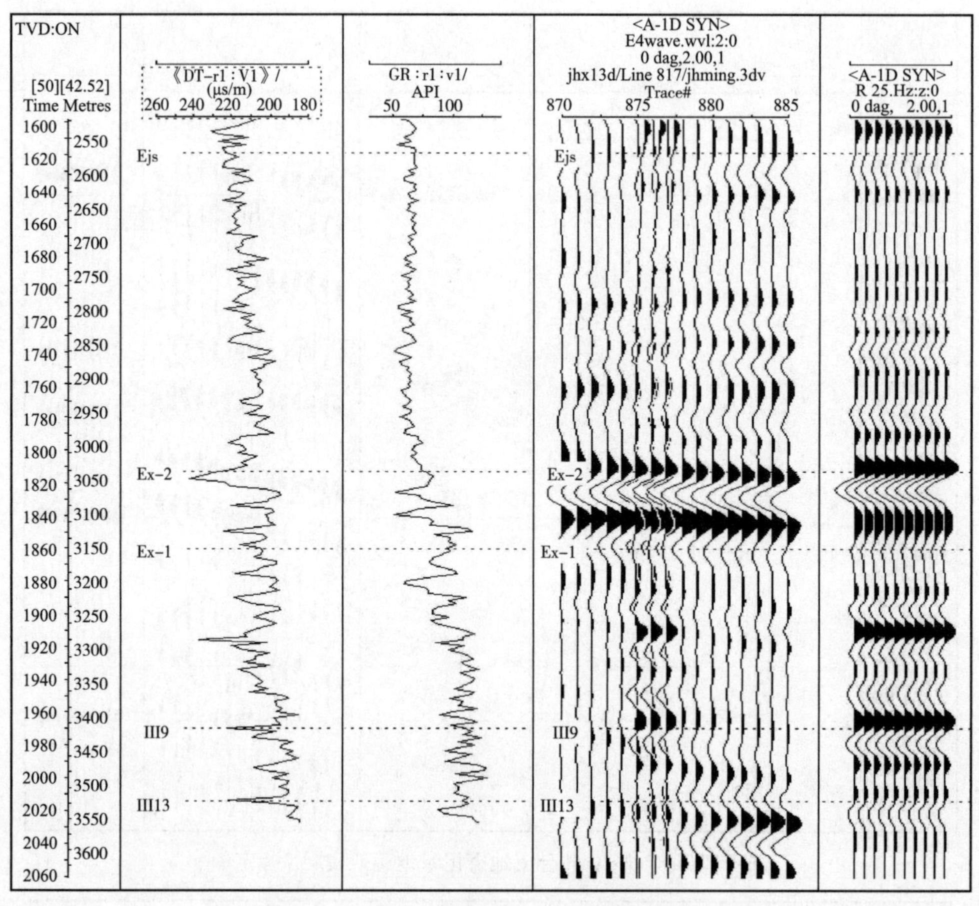

图 4−2(d) Es4 井合成地震记录地震地质层位标定图

第二次标定则是相对精细的标定，结合井震联合反演过程同步进行，合成记录子波是由井旁道实测地震道反演求出，而标定是在波阻抗数据剖面上进行。实际操作为根据第一步骤得到的储层与波阻抗值的对应关系，精细调整、确定井中储层段与过井反演的波阻抗剖面中对应的储层位置，并得到精确校正后的时深关系。图4−3 及图4−4 是 Es8 井第一次标定和第二次标定结果，可以看出，第一次标定 K_2y^4 储层对应于波谷，第二次标定对应于波峰，两者相差近一个相位。最后地震标定结果与钻井实际深度对照见表4−1 和表4−2。

表4−1 复1号断块储层标定表

层位		Es10 井			Es8 井			SK8−2 井		
		钻井分层/m	地震解释/m	相对误差/%	钻井分层/m	地震解释/m	相对误差/%	钻井分层/m	地震解释/m	相对误差/%
K_2y^3	oil1	3354	3357	0.089				3366.4	3360	0.19
	oil1 base	3371	3366.4	0.14				3384.7	3384.4	0.009
K_2y^4	oil2	3438	3434	0.087	3487	3490	0.086	3446.2	3445	0.009
	oil2base	3463.2	3456.5	0.16	3506	3510	0.12	3465.2	3464	0.035

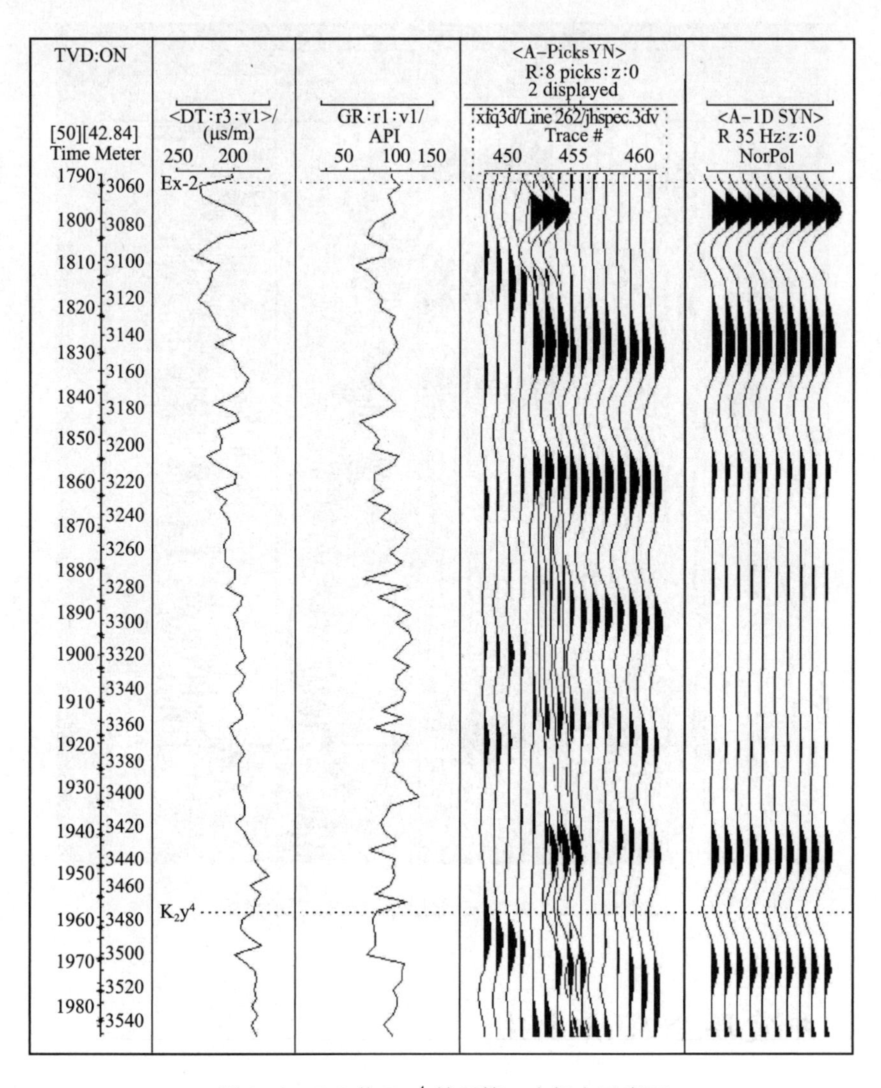

图 4－3 Es8 井 K_2y^4 储层第一次标定示意图

表 4－2 丁家湖—谢凤桥—南岗构造带储层标定结果表

层位	Es4 井			Es6 井			Es9 井		
	钻井分层/m	地震解释/m	相对误差/%	钻井分层/m	地震解释/m	相对误差/%	钻井分层/m	地震解释/m	相对误差/%
$Ⅲ_1^5$	3412	3410	0．06	3469．6	3485	0．44			
$Ⅲ_3^2$	3508．5	3510	0．04	3550	3565	0．42			
Ⅱ－1top							3098．5	3098．3	0．026
Ⅱ－1base							3120	3122．2	0．07

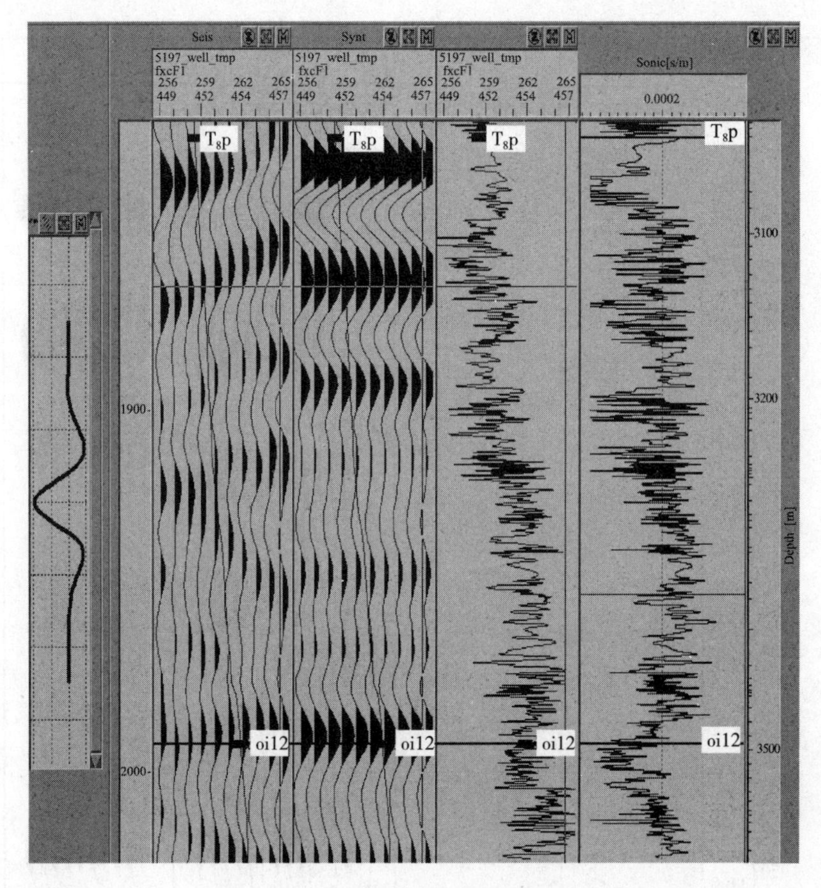

图 4－4　Es8 井 K_2y^4 储层第二次标定示意图

4.2　井震联合反演方法

地震反演是利用地表观测地震资料，以已知地质规律和钻井、测井资料为约束，对地下岩层空间结构和物理性质进行成像(求解)的过程，广义的地震反演包含了地震处理解释的整个内容。波阻抗与地震资料是因果关系，具有明确的物理意义，是储层岩性预测、油藏特征描述的确定性方法。

反演是正演模型处理的反过程，正演是简单的，处理技术没有争议，对于任何一个给定地质模型，地震响应是唯一的。反演要复杂得多，一方面，一些正演模型处理没有逆；另一方面，一个给定的地震响应可以对应多个地质模型。

地震—测井联合反演是一种基于模型的波阻抗反演技术，其结果的低频、高频信息均来源于测井资料，中频段信息则取决于地震数据，通过不断对初始地质模型进行修改，使修改后模型的正演合成地震资料能够与原始地震数据最为相似，从而克服了地震分辨率的限制，最佳逼近测井分辨率，同时又保持了地震较好的横向连续性。基于模型波阻抗反演的原理为：设地震子波为 $W(t)$、反射系数序列为 $R(t)$，则地震记录适合层状介质的褶积模型为：

$$S(t) = R(t) W(t) \tag{4-1}$$

当地下为多层水平介质时，任意第 i 个界面地震波反射系数为：

$$R_i = \frac{\rho_{i+1}v_{i+1} - \rho_i v_i}{\rho_{i+1}v_{i+1} + \rho_i v_i} (i=1, 2, 3, \cdots, n-1) \tag{4-2}$$

式(4-2)中第 i 个界面的上层介质密度为 ρ_i，速度为 v_i，第 i 个界面的下层介质的密度和速度分别为 ρ_{i+1} 和 v_{i+1}，R_i 为第 i 个界面的反射系数。

通过子波反褶积处理可由地震记录求得反射系数，进而递推计算出地层波阻抗。据此原理，可进行井资料和地层层位双重约束下的三维波阻抗反演。一般情况下，该反演工作流程如下：

(1)构建拟声波曲线。拟声波曲线是将反映地层岩性变化比较敏感的自然伽马、电阻率等测井曲线转换为具有声波量纲的拟声波曲线，使其具备自然伽马、电阻率等测井曲线高频信息，同时结合声波的低频信息，合成拟声波曲线，使它既能反映地层速度和波阻抗的变化，又能反映地层岩性等的细微差别。

(2)层位标定和子波的提取。层位标定和子波的提取是联系地震和测井数据的桥梁，是做好地震—测井联合反演的关键所在。在子波提取过程中，估算子波的时窗长度应为子波长度的3倍以上，目的是降低子波的抖动，保持其稳定性，时窗的顶、底放在地层相对稳定的地方。要求在子波形态上能量集中在中央主瓣上，两侧旁瓣迅速衰减，这样的子波一致性才好。层位标定则主要通过子波与反射系数褶积，产生合成地震记录剖面与实际地震剖面对比，同时不断调整子波使两者达到最大相关。判断最佳标定和最优子波的根据是使井旁实际地震记录与合成地震记录之间的互相关具有最大主峰值以及主峰值与次峰值之比尽可能大。

(3)建立初始地质模型。地质模型是波阻抗反演的基础，建立初始地质模型就是在精确可靠的标定和层位解释基础上，利用地震解释成果，综合沉积模式、地层接触关系及测井资料来完成。在 Jason 软件中使用 EarthMod 模块建立初始模型，其主要功能是结合地震、测井和地质资料，根据地震解释层位和断层，按沉积规律在大层之间插出很多小层，建立一个地质框架结构，在这个地质框架结构控制下，根据一定的插值方式对测井数据沿层进行内插、外推，产生一个平滑、闭合的实体模型。

(4)砂泥岩门槛值的确定。确定砂、泥岩门槛值主要通过反演的拟声波阻抗与井上计算的拟声波阻抗数据进行交会。比较直观地方法是采用交会图和直方图进行分析，从直方图和交会图上可以看出井上和反演的拟声波阻抗值能比较清楚地区分砂、泥岩，从反演的波阻抗可以大致确定砂、泥岩的门槛值。

4.3 井震联合反演的实践

本次砂岩储层预测研究中的井震联合反演的具体工作流程如图 4-5 所示。

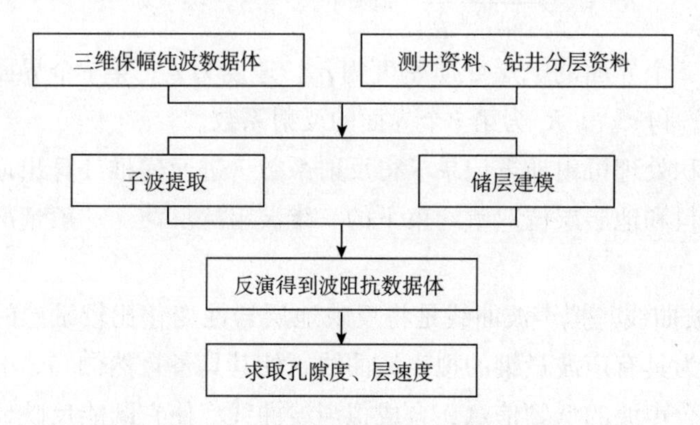

图 4-5 井震联合反演工作流程图

1)子波提取

由测井资料和井旁道应用迭代反演方法求取子波，迭代次数视反演收敛程度而定，这次反演取 8 次迭代。复 1 号断块利用了 Es8 井、Es10 井和 SK8-2 共 3 口井，而谢凤桥—丁家湖区块则用 Es4 井、Es6 井、Es9 井共 3 口井分别提取子波(图 4-6、图 4-7)。从图上看出，各井提取的子波具有较好的相似性。

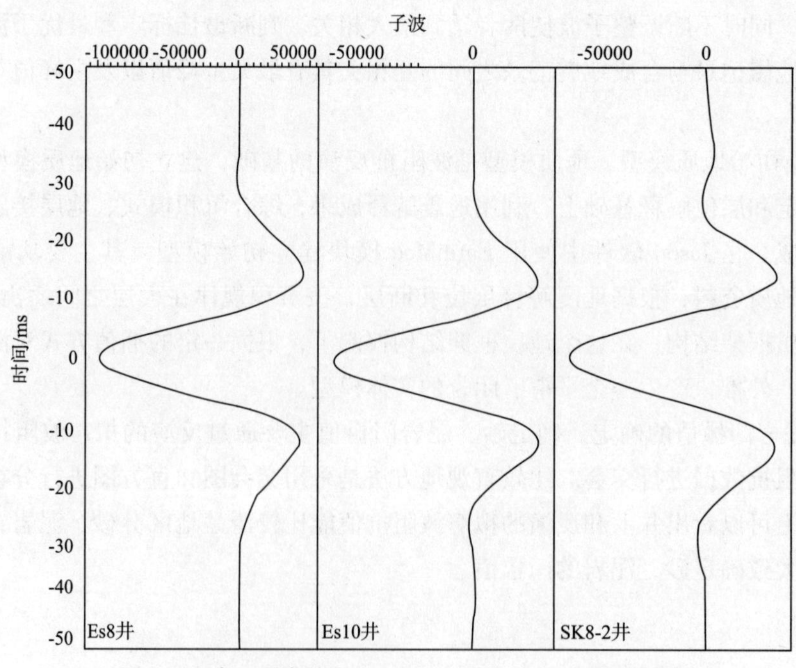

图 4-6 复 1 号断块 Es8、Es10、SK8-2 井子波示意图

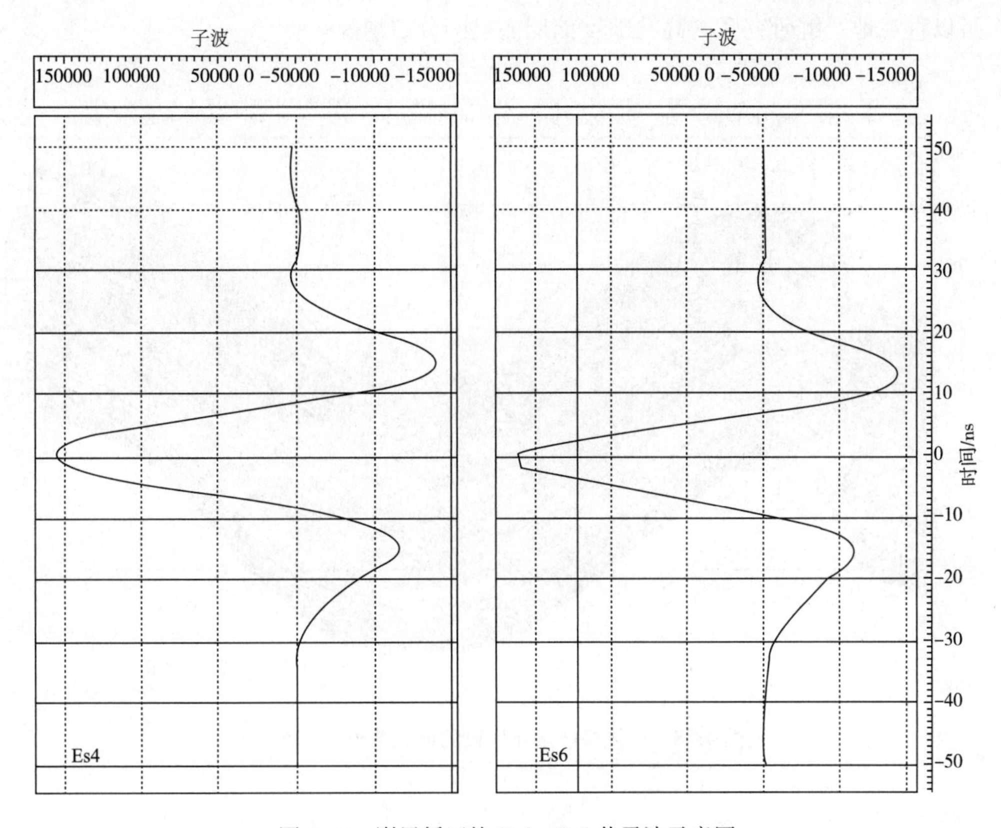

图 4-7　谢凤桥区块 Es4、Es6 井子波示意图

2)建立储层初始模型

Jason 反演是基于模型的储层参数反演，建立合理的地质模型是高精度反演的一环。储层建模是应用 Jason 软件中的 EarthMod 模块完成的。EarthMod 模块的主要功能是充分利用地震、测井和地质资料，从地震资料出发，以测井资料和钻井数据为基础，建立基本反映沉积体地质特征的初始模型(图 4-8)。具体做法是，以地震精细解释为基础，根据地层的接触关系及断裂系统的平面组合，建立地层及地层内部框架结构，在这个地质框架结构的控制下，按照一定的插值方式对测井曲线数据进行内插和外推，产生一个平滑、闭合的实体模型，作为地震反演的初始模型。

3)密度参数取值

密度参数是根据密度测井资料，经过环境校正和归一化处理后，作为反演的初始密度。在没有密度测井情况下，则利用伽德纳经验公式 $\rho=0.31v^{0.25}$(ρ 为密度，v 为速度)求出，作为反演的初始密度。

4)建立地震波阻抗值与孔隙度关系

根据现有的测井资料解释孔隙度、岩心分析孔隙度和由声波测井建立的井旁道波阻抗模型，通过交绘图和回归分析方法，建立各区块的波阻抗值—孔隙度关系曲线(图 4-9 及图 4-10)。利用这个曲线进行波阻抗值—孔隙度的转换计算，得到反演的孔隙度数据体，从而可以直观地了解研究区内高孔隙度储层的空间分布情况。

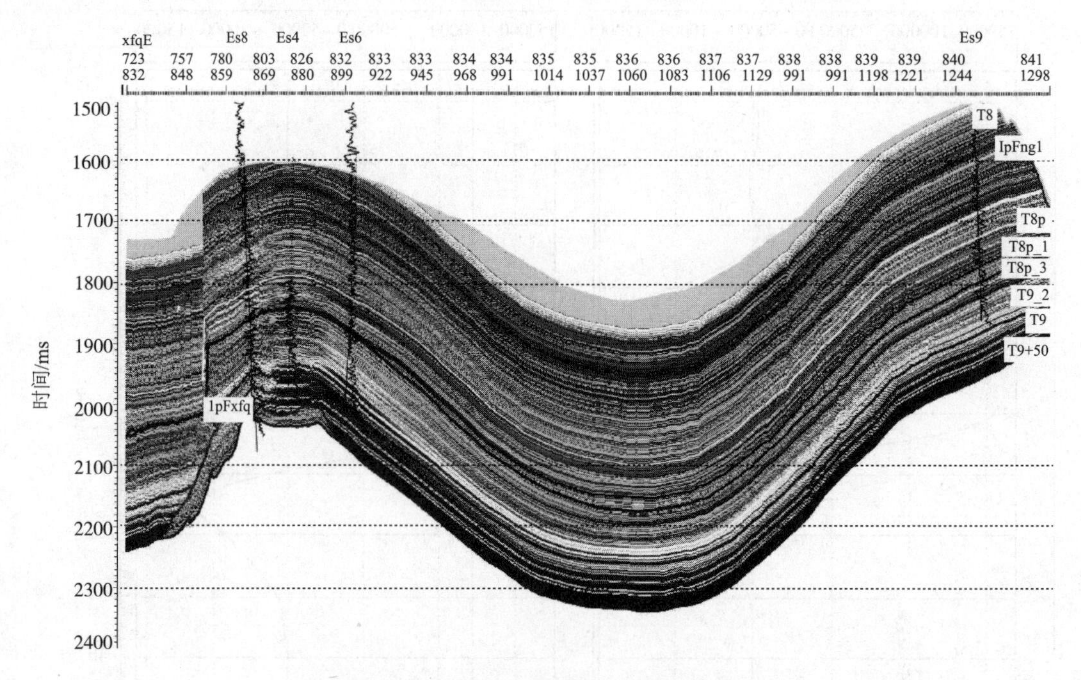

图 4－8　谢凤桥区块储层段的地层建模示意图

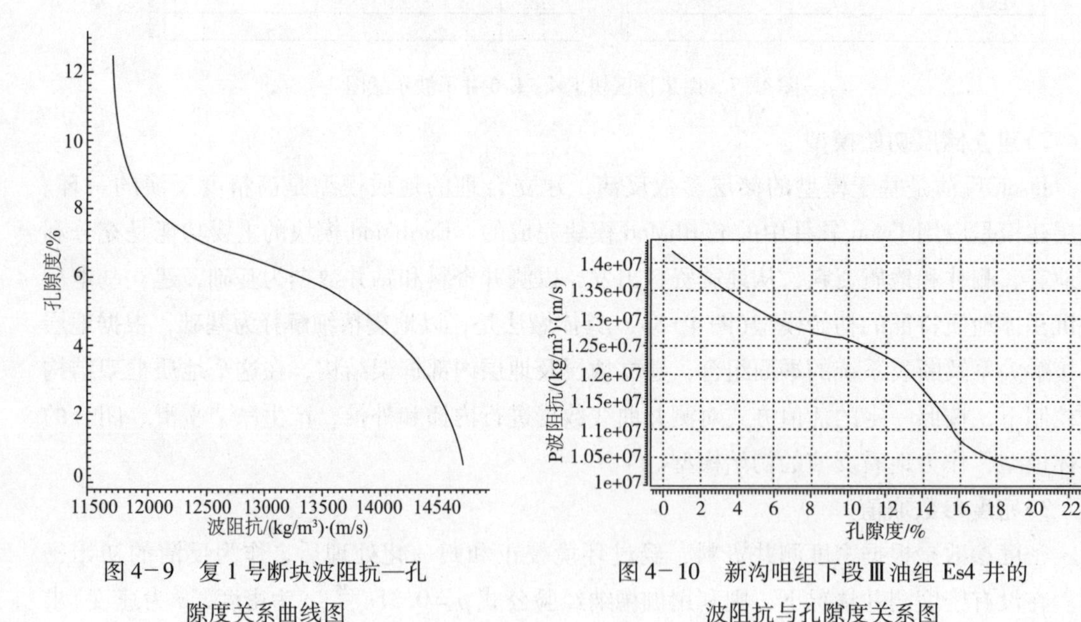

图 4－9　复 1 号断块波阻抗—孔隙度关系曲线图

图 4－10　新沟咀组下段Ⅲ油组 Es4 井的波阻抗与孔隙度关系图

5）井震联合反演质量分析

反演后的波阻抗剖面和原始的地震剖面在结构上基本一致，信噪比有所提高（图 4－11、图 4－12）。另一方面，波阻抗变化特征与钻井揭示的含油气情况基本吻合，Es8 井、SK8－2 井的 K_2y^4 储层是产油层，为低波阻抗值，而 Es10 井该层不产油，表现为相对高波阻抗值；对于 K_2y^3 储层，Es10 井产油，相对表现为低波阻抗值，而 Es8 井、SK8-2 井不产油，则表现为相对高波阻抗值。从孔隙度参数来看，通过反演得到的孔隙度(图 4-13)与测井解释的孔隙度基本吻合，绝对误差较小(表 4-3、表 4-4)。

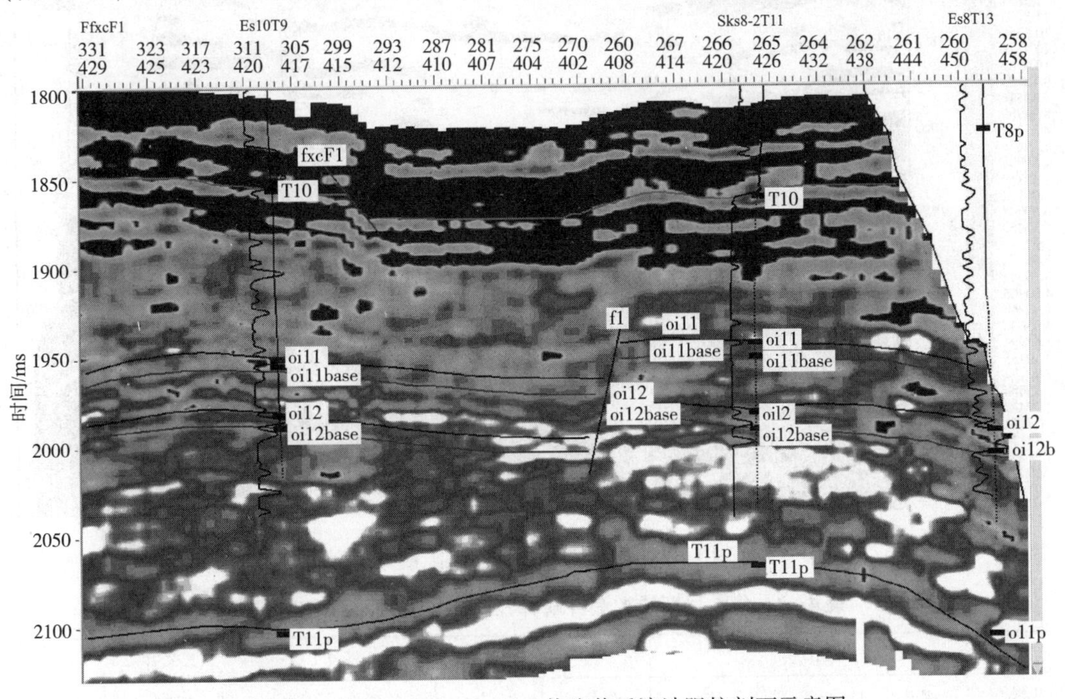

图 4-11　Es10、SK8-2、Es8 井连井反演波阻抗剖面示意图

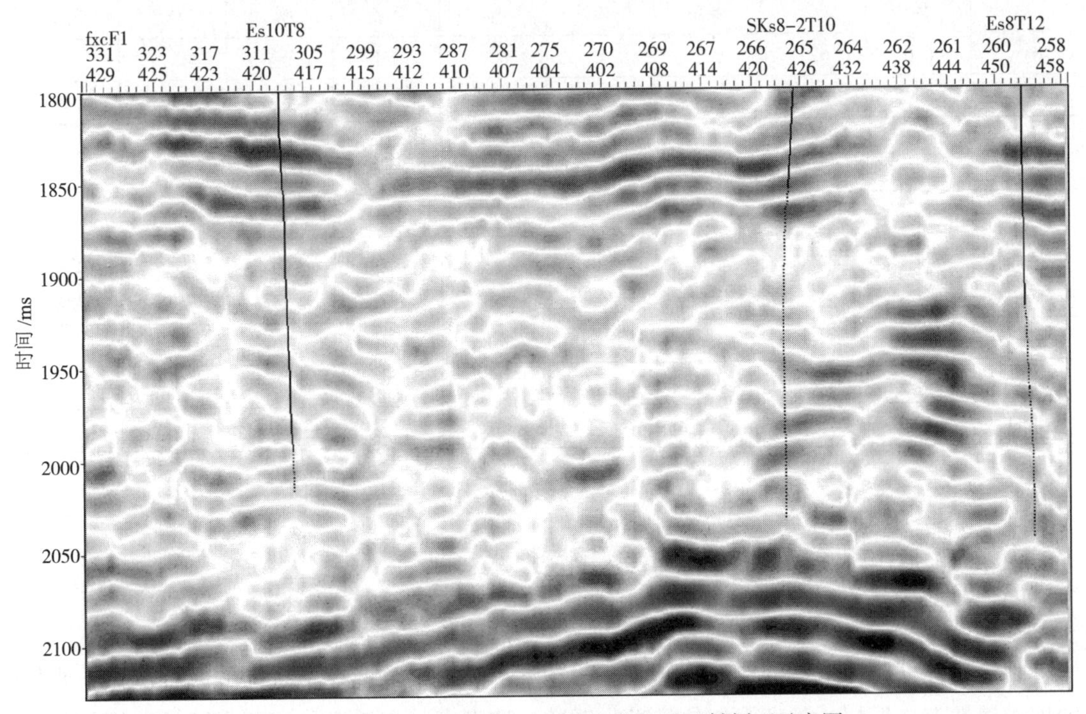

图 4-12　Es10、SK8-2、Es8 井连井地震反射剖面示意图

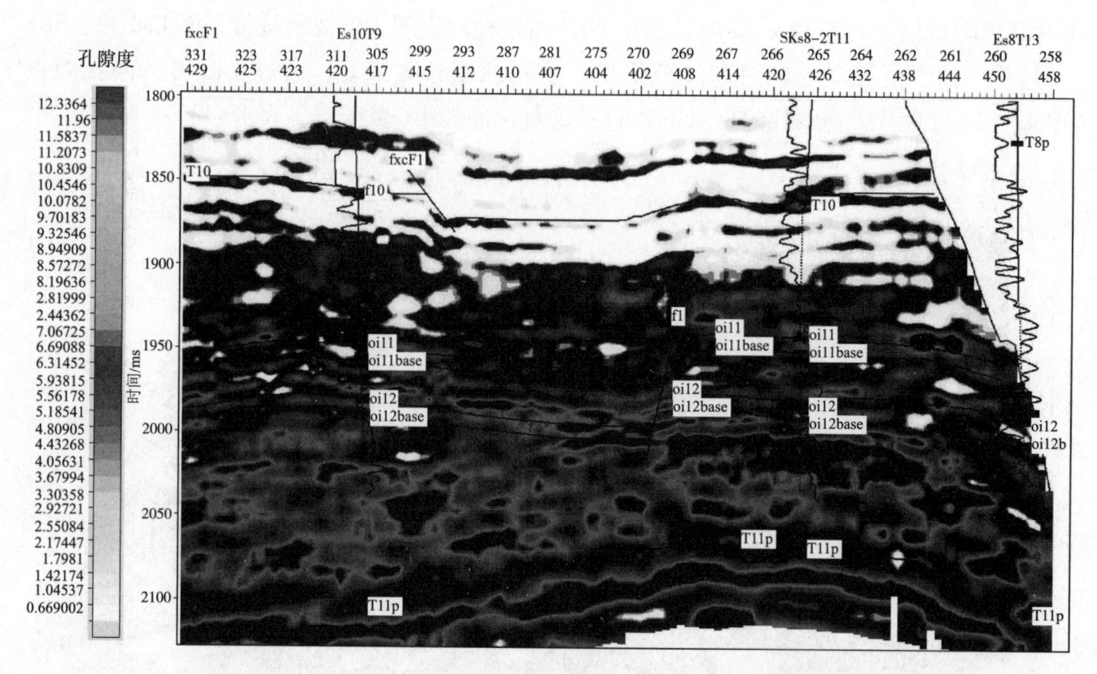

图 4-13 Es10、SK8-2、Es8 井连井孔隙度反演剖面示意图

表 4-3 复 1 号断块的测井解释孔隙度与反演孔隙度对照表

层位	Es10 井			SK8-2 井			Es8 井		
	测井/%	反演/%	绝对误差	测井/%	反演/%	绝对误差	测井/%	反演/%	绝对误差
K_2y^3	6.6	6.5	0.1	7	6.9	0.1			
K_2y^4	5.2	6.2	1	6.2	6.2	0	10.3	9.4	0.9

表 4-4 谢凤桥—南岗构造带的测井解释孔隙度与反演孔隙度对照表

层位	Es4 井			Es4 井			Es9 井		
	测井/%	反演/%	绝对误差	测井/%	反演/%	绝对误差	测井/%	反演/%	绝对误差
$Ⅲ_1^5$	15.6	11.0	4.6	7.4	7.8	0.4			
$Ⅲ_3^1$	13.4	12.8	0.6						
Ⅱ-1							7.0	7.8	0.8

4.4 地震属性提取与分析技术

地震属性就是对地震资料的几何学、运动学、动力学及统计学特征的一种测量，常用的地震属性有：振幅、频率、相位、吸收系数、波形等。在江汉盆地西南缘的砂岩储集层

中应用效果较好的地震属性有振幅、频率和吸收系数。

(1)复数道分析技术。

通过地震道的复数道分析，我们从地震保幅数据体中提取反射强度、瞬时相位和瞬时频率特征参数，分析瞬时参数的剖面和平面特征，从而定性地预测地层的储集特征。

(2)吸收系数分析技术。

吸收系数[137~142]是进行储层描述和油气预测的重要参数，它对反映岩性的变化具有较高的灵敏度。因为地震波在地层中传播时，由于地层的非完全弹性使地震波的弹性能量不可逆转地转化为热能而耗散，因此，地震波的振幅产生衰减，子波形态不断变化。子波的这种形变速度主要取决于地下岩层的吸收作用，不同的岩性对地震波具有不同的吸收效果。地层的吸收效果越强，地震波的高频成分衰减得越快，波的形态变化越大。因此，地层的吸收系数与地层的岩性、孔隙度及含油气性、裂缝发育程度具有密切关系，我们从地震保幅数据体上提取吸收系数特征参数，形成吸收系数剖面，根据钻井的地层岩性变化在吸收系数剖面上的反映，从井出发，对储层物性的横向分布作定性预测。

4.5 复1号断块渔洋组 K_2y^3、K_2y^4 砂岩储层综合分析

4.5.1 储层地震响应特征

1)波阻抗响应特征

江汉盆地西南缘陆相碎屑岩储层的横向变化快，非均质性强，砂层组整体表现为高波阻抗特征。当砂层组中含有油气时，会引起波阻抗值的降低，但较纯泥岩的波阻抗值相对偏高。以复1号断块的Es10井为例，我们把Es10井的储层段3354~3359.5m和3438~3445m的声波测井曲线用纯泥岩和纯砂岩的声波测井值对其进行替代，产生两条在储层段分别为纯泥岩和纯砂岩的新的声波曲线，用这两条新的声波测井曲线在其他条件不变的情况下再产生两个波阻抗模型，我们对储层段分别为纯砂岩、纯泥岩和含油气时的波阻抗值进行了统计(表4-5)。

表4-5 3种模型的波阻抗响应值统计表

储层段 / 平均阻抗值	3354~3359.5m			3438~3445m		
	层厚/m			层厚/m		
	1.80	1.70	2.00	2.6	2.7	1.7
纯泥岩	9855.6	11676.3	12092.3	9465.3	11606.2	11996.8
纯砂岩	12763.8	12905.5	13026.8	12832.5	12801.6	13565.6
含油气层	12507.8	12872.5	12768	12489.8	12621	12763.7

根据表4－5的数据，我们认为复1号断块有利砂岩储层的波阻抗值范围为12000～12750，由此我们推断，储层含油气的波阻抗响应特征为高阻抗背景中的相对低阻抗。

2）振幅响应特征

砂岩储层含油气时由于其与围岩有较大的波阻抗差异，会引起反射波振幅出现较大的差异。以复1号断块为例，我们从三维地震保幅数据体上提取了反射强度信息，将其进行与井的对比分析，发现含油气有利区均为反射强度较强的区域。地震反射波的反射强度在横向上的变化，主要与岩性变化或油气富集有关，在含油气的地方，常常出现强的反射强度特征——"亮点"。因此，强反射强度(亮点)特征可作为砂岩储层含油气的振幅响应特征。

3）频率响应特征

地震波的频率与地下岩性、物性有关。当砂岩储层含油气时，通常会引起地震反射波高频成份的衰减。以复1号断块为例，我们从三维地震数据中提取瞬时频率信息，将其与井对比分析，发现含油气有利区均为瞬时频率相对较低的区域。因此，从井出发，我们认为相对低频特征为储层含油气的频率响应特征。

4.5.2 储层构造形态及厚度分布特征

通过对复1号断块的K_2y^3、K_2y^4储层的精细标定后，对该两套储层段的顶、底界面实施层位的横向的追踪解释。追踪时以波阻抗剖面为主，以地震剖面为辅助，在解释剖面上进行叠合显示，抓住波阻抗值及波形的纵横向变化特征及颜色的变化规律，从井出发，利用已解释的现有的层位数据作约束，实施由点到线、由线到面再次对Es8、Es10、SK8－2井的K_2y^3砂层组和K_2y^4砂层组的顶、底界面进行横向识别和追踪，得到解释的储层段的层位数据。根据储层段的层位数据，编制了储层顶、底界面的精确构造图(图4－14、图4－15)。

从砂岩储层顶面构造图4－14和图4－15上可以看出，K_2y^3和K_2y^4两个储层段的构造形态特征基本一致，都表现为北低南高，自西北向东南抬升，在南部发育有一个形态不规则的小幅度隆起的特征。在K_2y^3砂层顶面构造图上(图4－14)，隆起的走向自西向东由北东东向转北东向；而K_2y^4砂层组则表现为北东向。就隆起的形态而言，K_2y^3砂层组和K_2y^4砂层组都呈北东宽、南西窄，如同蝌蚪形状。隆起上，北东和南西两端各有一个高点，两高点之间为相对低鞍部位。断块的南部断裂发育较多，而北部发育较少，断层的走向以北东向占优势，北西向的断层较少。断层的规模都很小，在地震剖面上，这些断层对地震反射的影响一般表现为一个同相轴的错断，或者同相轴的轻微扭曲。

根据储层对波阻抗的响应特征，确定有效储层的波阻抗门限值，应用积分求和的方法，估算砂岩储层的有效厚度。图4－16、图4－17分别是K_2y^3砂层组和K_2y^4砂层组的有效厚度分布图，从图上看出，渔洋组两个储层除了K_2y^4砂层组在断块的的西南角有一点缺失外，其余的在整个断块内均有分布。但厚度变化的规律性都很差，反映了这两个储层的沉积物性在横向上变化较大。K_2y^3砂层组厚度变化大致可分成南、北两部分，北半部表现为北厚南薄，北东向展布，最厚约为24m，位于断块的东北角；南半部则表现为

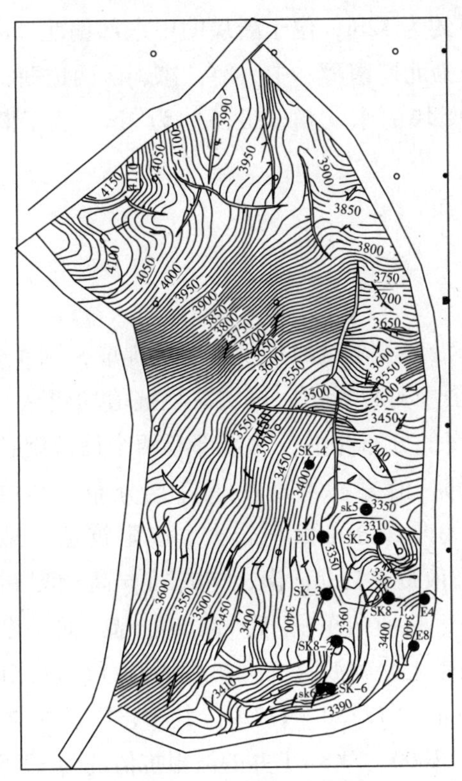

图 4－14　K_2y^3 砂层组顶面构造图

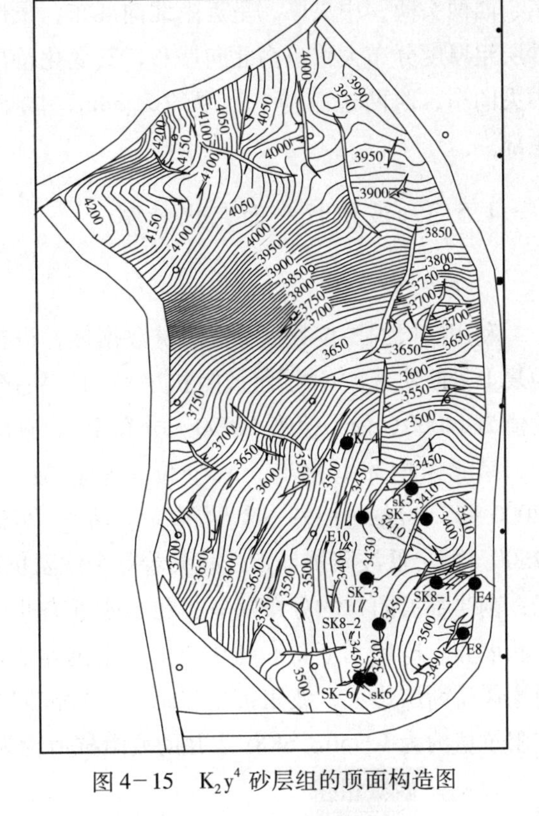

图 4－15　K_2y^4 砂层组的顶面构造图

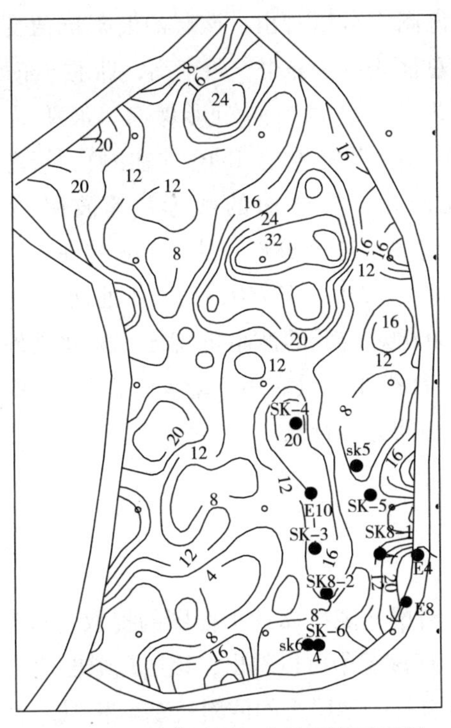

图 4－16　K_2y^3 砂层组有效厚度平面图

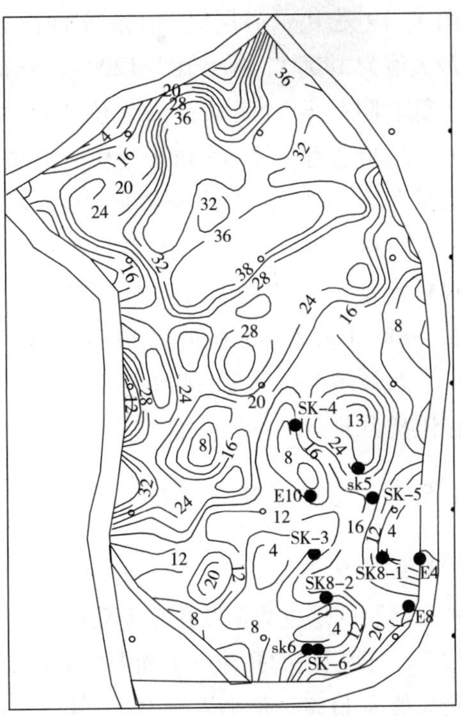

图 4－17　K_2y^4 砂层组有效厚度平面图

东、西两头薄，中央厚，呈近南北向展布，最厚约为32m，位于断块的中东部偏北。K_2y^4砂层组厚度分布大致呈南北向展布，其变化特征为北厚南薄、中央厚，东、西两边薄，自中央向东、西两边减薄。最厚约为38m，位于断块的东北角，最薄约为4m，位于断块东部。

4.5.3 波阻抗平面变化特征

1）K_2y^3 砂层组

利用储层的层位数据及波阻抗数据体，进行沿层波阻抗属性平面图的提取，图4－18为复1号断块 K_2y^3 砂层组波阻抗平面图。从该图中可以看出，该层波阻抗值均较高，最大值为14000、最小值为12000。分布上，与厚度的分布相似，北半部有两个低波阻抗异常，呈北东向带状展布，一个位于断块最北部，沿复兴场断层下降盘分布，其值为12000～12500左右；另一个异常位于断块中部偏北，分布面积较大，波阻抗值一般为12500。两个低波阻抗异常之间夹着一个波阻抗高值带，自北向南，构成“低—高—低”的格局；南半部波阻抗的分布则呈北北东或近南北向，自西向东呈“低—高—低—高—低”窄条带状展布。Es10井正好位于中央低波阻抗异常条带上，其波阻抗值在12000～12500之间，沿谢凤桥断层边上，波阻抗也较低，一般波阻抗值为12250～12750。其中，Es10井处的波阻抗值约为12750，SK8－2井的波阻抗值约为13000，SK8－1井的波阻抗值约为12750。

2）K_2y^4 砂层组

图4－19是 K_2y^4 砂层组波阻抗平面图。从该图中可以看出，该层的波阻抗值变化不大，最大值为14000，最小值为12000。分布上总体表现为东北—西南高，西北—东南低。有3个低波阻抗异常区域，一个位于断块西北部，呈北东向矩形展布，波阻抗值在12250～12500之间。另一个位于断块的中部(Es10井以北不包含Es10井在内)，形态不规则，大致呈北东向展布，异常的中段向西北凸出，呈弯曲的弧形，其波阻抗值在12500～12750之间。还有一个异常位于断块的东南部，包含SK8－1井、Es8井在内，紧挨着谢凤桥断层，也呈北东向展布，其波阻抗值为12250～12750，Es8井处波阻抗值为12250，SK8－1井处波阻抗值为12500，均反映为相对较低的波阻抗特征。除此之外，在东北部、西部还零星分布一些低值异常，但面积都很小，没有多少意义。总体上 K_2y^4 砂层组波阻抗自北向南呈“高—低—高—低—高—低”相间分布特征。

4.5.4 孔隙度分布特征

1）K_2y^3 砂层组

利用储层的层位数据及孔隙度数据体，进行沿层孔隙度属性平面图的提取，得到复1号断块 K_2y^3 砂层组的孔隙度平面图(图4－20)。从该图中可以看出，该层孔隙度值变化不大，最大值为11%、最小值为2%，其分布规律与对应砂层组的波阻抗基本相似，表现为两个特征：①沿着谢凤桥、花园Ⅰ号两条断层边上孔隙度较高；②断块南、北两边孔隙度的展布不一致，北半部呈北东向展布，有两个相对高孔隙区，一个位于断块东北角，近似呈椭圆形，孔隙度为6.5%～11%；另一个位于断块中部偏北，分布面积较大，呈不规则条带状北东向展布，孔隙度值为6%～11%。南半部孔隙度的展布基本上与花园Ⅰ号断层和谢凤桥断层走向一致，呈北北东或近南北向展布，除了沿谢凤桥和花园Ⅰ号东、西两条断层边上分布着两个相对高孔隙带外，在断块南部的中央，还反映有一个窄条带状的高孔隙带，孔隙度值为6.5%～8%，Es10井包含在该条带内北端边缘，其孔隙度值为6.5%左右。

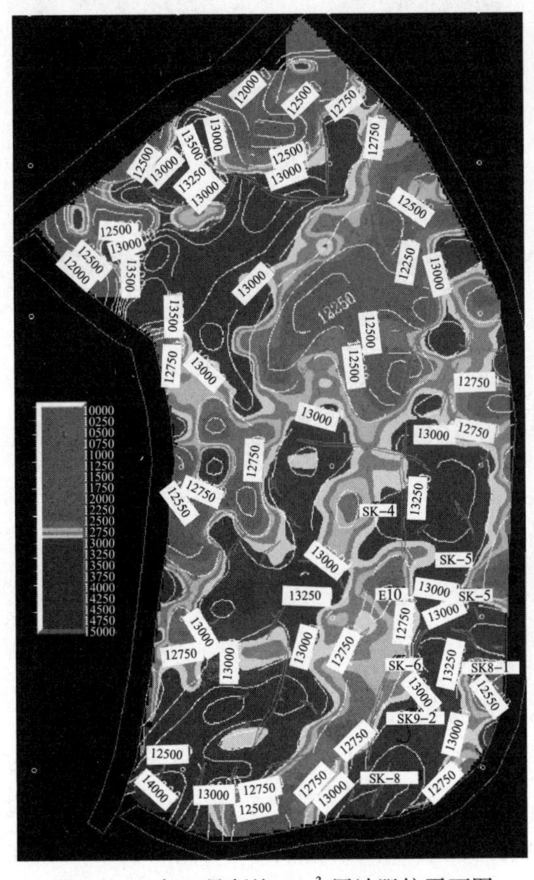

图4－18　复1号断块 K_2y^3 层波阻抗平面图

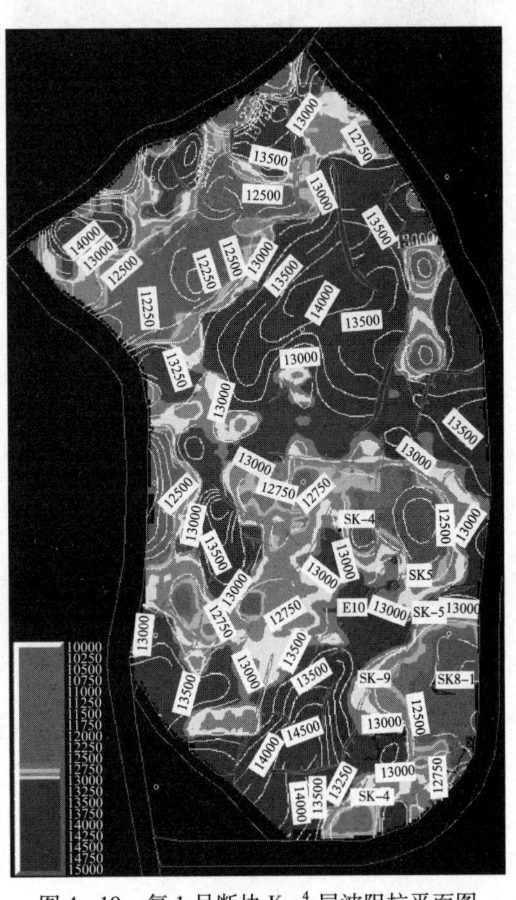

图4－19　复1号断块 K_2y^4 层波阻抗平面图

2）K_2y^4 砂层组

图4－21为复1号断块 K_2y^4 砂层组孔隙度平面图。从该图中可以看出，该砂层孔隙度变化不大，最大值为11%、最小值为2%。在分布上自北向南大致呈“高—低—高—低—高—低”的特征，有3个相对高孔隙度异常区，北部异常呈北东向展布，其值为7.5%～11%；中部异常呈北东转东西再转北西向展布，整体为向西北凸出的弧形，孔隙度值为7%～9%，SK8－5井包含在该异常中，其值为9%；南部异常呈北东向展布，其形态东宽西窄，呈蝌蚪形状，孔隙度在7%～11%之间，Es8井和SK8－1井包含在该异常内，其孔隙度值分别为11%和8%。

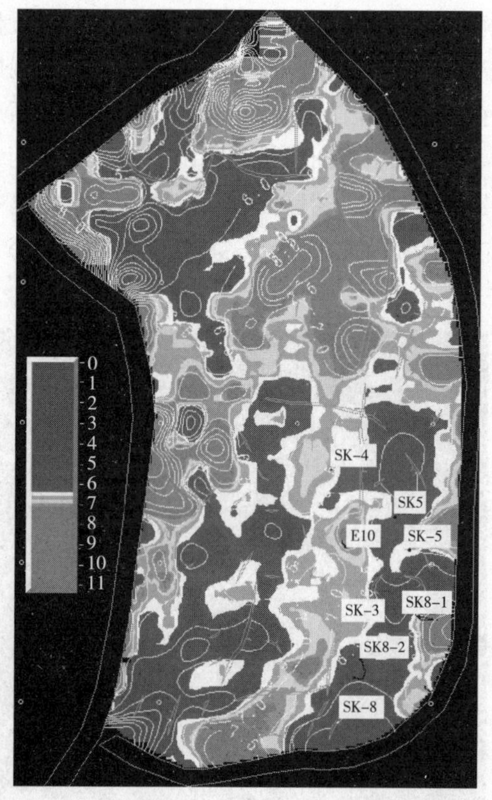

图4-20 复1号断块 K_2y^3 砂层组孔隙度平面图

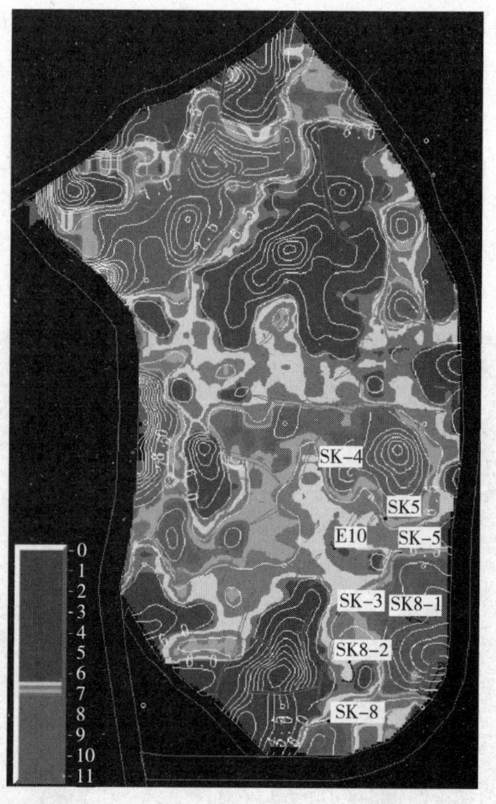

图4-21 复1号断块 K_2y^4 砂层组孔隙度平面图

4.5.5 反射强度变化特征

1) K_2y^3 砂层组

利用储层的层位数据及瞬时振幅数据体，进行沿层反射强度属性平面图的提取，图4-22为复1号断块 K_2y^3 砂层组反射强度平面图。从该图中可以看出，断块基本表现为弱反射强度特征，局部上存在3个强反射强度异常区——“亮点”区域：一个在断块的两边且包含Es14井在内，沿花园Ⅰ号断层呈条带状分布；另一个在断块的中南部，自南向北呈近东西向转北东向再转北西向展布，包含SK8-6井、SK8-2井、SK8-1井、SK8-5井、SK8-4井在内，其形态呈向东弯曲凸出的弧形窄条带状，钻井揭示Es10井、SK8-6井在该层获得工业油流，其他井油气显示较好，但因工程工艺等客观原因，未能形成有效产能。

2) K_2y^4 砂层组

图4-23为 K_2y^4 砂层组反射强度的平面图。从该图中可以看出，地震振幅强弱分布自西北向东南呈“强—弱—强”的特征。断块北部为相对强反射振幅区，面积较大，但横向上连续性较差，在其间分布有两个小的弱振幅区块；断块西部沿花园Ⅰ号断层，也反映为强反射振幅(亮点)特征，呈南北向展布，并与北部强反射振幅区相连接，形成北东向展布的

强振幅带。断块中部总体反映为较大面积的弱反射振幅带，其间分布有零星的强反射振幅异常，但面积很小，且连续性差。另外，在断块东南部，也表现为强反射振幅特征，Es8井、SK8－5井、SK8－1井、SK8－2井等井均处在该强反射振幅区内。这些井在K_2y^4砂层组中都获得了工业油流，尤其是Es8井获得了自喷30m³/d的好成果。

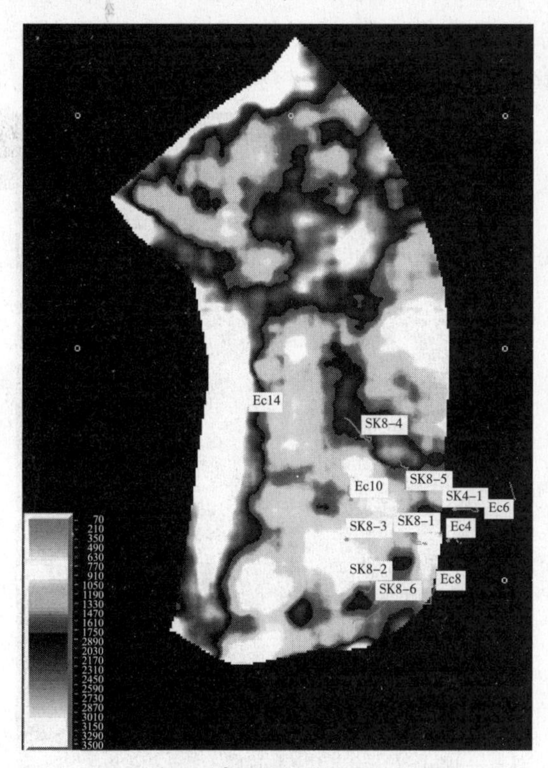

图4－22　K_2y^3砂层组反射强度平面图

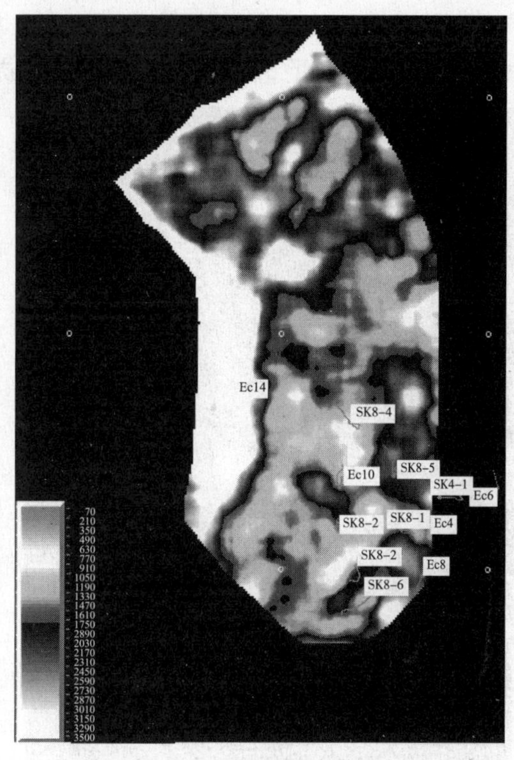

图4－23　K_2y^4砂层组反射强度平面图

4.5.6　瞬时频率特征

1）K_2y^3砂层组

利用储层的层位数据及瞬时频率数据体，进行沿层瞬时频率属性平面图的提取，图4－24为K_2y^3砂层组瞬时频率平面图。从该图中频率的分布来看，K_2y^3砂层组的反射频率除了沿花园Ⅰ号断层边上反映为低频外，其余几乎全被高频所覆盖，反映了K_2y^3砂层组岩性比较致密。在断块中东部，有一个局部低频异常，虽然面积不大，但连续性较好，四周被高频所包围。另外，在断块南部，显示有网状的低频异常，异常整体连通性较好。根据钻井分析，Es10井和SK8－2井分别处在低频反射区，这两口井在该层都获得了工业油流，因此，可以认为中东部低频异常和南部网状低频异常与油气分布有关，推测砂岩储层的孔隙或裂缝相对发育，致使出现低频的情况；而西部低频异常可能是受到断层反射的干涉造成，需进一步认真研究。

2) K_2y^4 砂层组

图 4-25 为 K_2y^4 砂层组的瞬时频率平面图。从该图中可以看出，该层在断块中基本显示为中低频，断块的中南部和中北部有零星分布的相对高频区，从钻井情况来看，SK8-1 井、SK8-2 井、SK8-4 井、Es10 井处于相对高频区，除了 SK8-1 井获得低产油流外，其余的井在该层均未获得突破。而 Es8 井、SK8-6 井、SK8-3 井、SK8-5 井处于相对中低频区，除了 SK8-3 井在该层未形成产能外，其余 3 口井均获得工业油流。

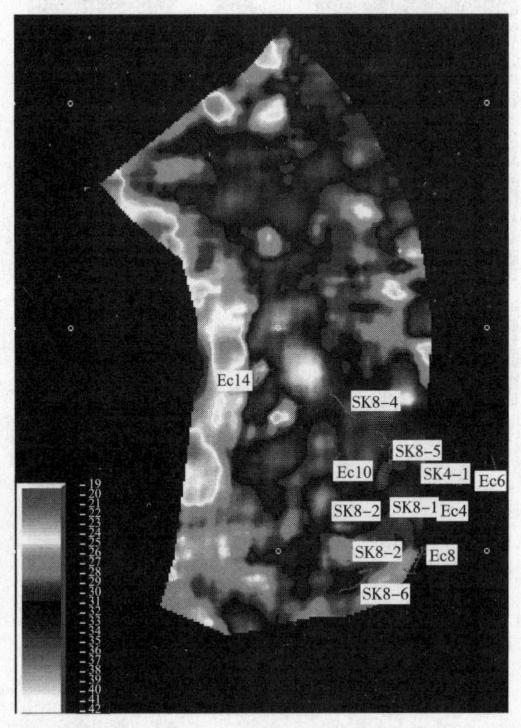

图 4-24　K_2y^3 砂层组瞬时频率平面图

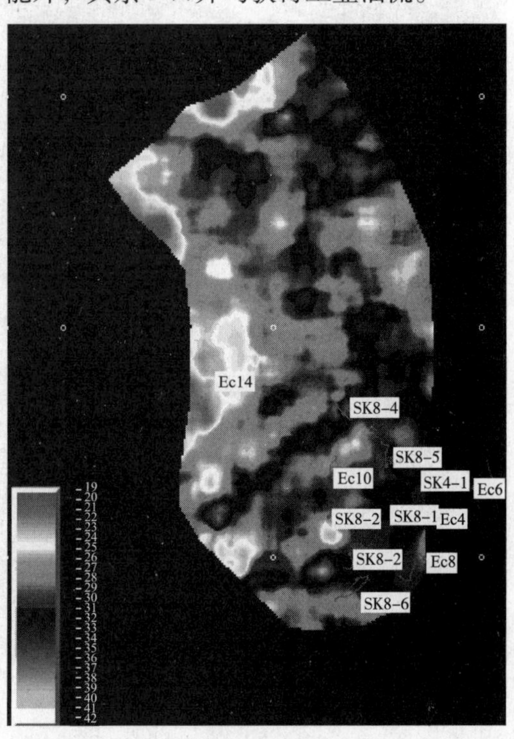

图 4-25　K_2y^4 砂层组瞬时频率平面图

4.5.7　吸收系数特征

通过检测地震波在通过油气储层时所产生的衰减现象，就可能得到相关的储层大概分布位置。原则上储层越发育，则其对地震波的衰减越厉害，其吸收系数越高；而储层不发育或相对致密，则其对地震波的衰减能力越弱，其吸收系数越小。另外，如地层中裂缝越发育，则也会造成地震波的衰减越厉害，其吸收系数越高，反之则相反。

在实际操作中，计算地震的纵波吸收系数数据体，并通过井震标定，确定储层段的吸收系数的门槛值。实例中，进行井点处的含油砂岩储层的吸收系数值域的分析，得到含油砂岩储层的吸收系数的门槛值为 0.75，大于该值的层段则认为是含油的砂岩储层（图 4-26），小于该值的层段可认为是非储层的反映。从该图中可见，断层附近的吸收系数相对较高，推测该区域为裂缝 + 孔隙型储层，在 K_2y^3 砂层组中，砂岩储层的局部连通性相对较好，成薄层、块状发育，与下部地层相对平行。

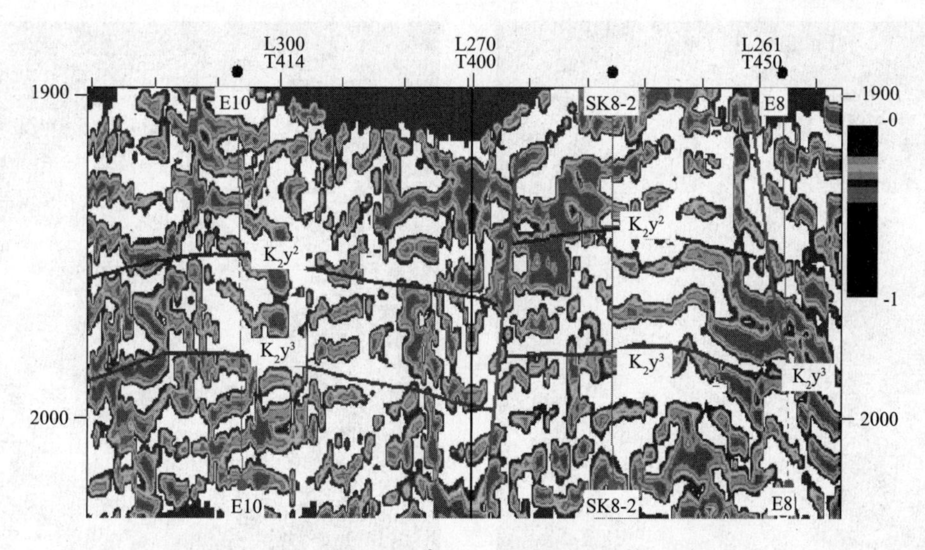

图 4-26 连井的 K_2y^3 砂层组吸收系数剖面示意图

1) K_2y^3 砂层组

利用储层的层位数据及吸收系数数据体，进行沿层吸收系数属性平面图的提取，图4-27为 K_2y^3 砂层组的吸收系数平面图。从该图中看到，该砂层组吸收系数横向变化不大，最大值为1，最小值为0.7。分布上，规律性较差，总体上表现为西部吸收系数小，东部吸收系数值高，断层附近的吸收系数相对较高。局部上存在有3个吸收系数高值区：一个位于包含 SK8-1 井、SK8-2 井在内的，沿断层呈北西向转近南北向条带状展布，其值为0.8～0.95；另一个位于包含 Es10 井在内的复1号断块的中南部，其值为0.8～0.9；第三个位于断块的东北部，分布面积较大，其值为0.8～1.0。

2) K_2y^4 砂层组

图4-28为 K_2y^4 砂层组的吸收系数平面图。从该图中看出，该砂层组吸收系数横向变化不大，最大值为1，最小值为0.65。分布上，整体规律性较差，总体上表现为两个北北西向展布的吸收系数值高值带，以及相间分布的北北西向吸收系数值低值带，另外断层附近的吸收系数相对较高。局部上存在有3个吸收系数高值区：一个位于包含 Es8 井、SK8-1 井在内的，沿断块东部断层的西侧展布，高值区域呈近南北向展布，其值为0.75～0.85；另一个位于包含 SK8-2 井在内的且在 SK8-2 井的北西方向、断块的中部呈北北西向条带状展布，其值为0.75～0.9；第三个位于断块的东北部，呈北西向条带状展布，其值为0.75～1.0。

4.5.8 储层综合分析评价

通过上述对各种储层预测参数的分析，并根据 K_2y^3 砂层组和 K_2y^4 砂层组的地震响应特征，确定有利的富油砂岩储层的判别依据为：①波阻抗范围：12000～12750；②孔隙度：大于或等于7%；③反射振幅：强振幅(亮点)；④反射频率：相对低频；⑤吸收系数：高吸收系数，吸收系数大于0.75。

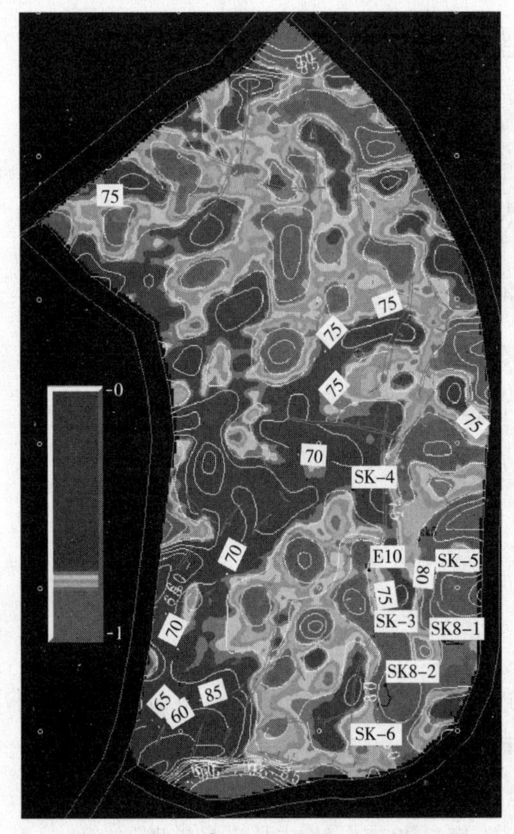

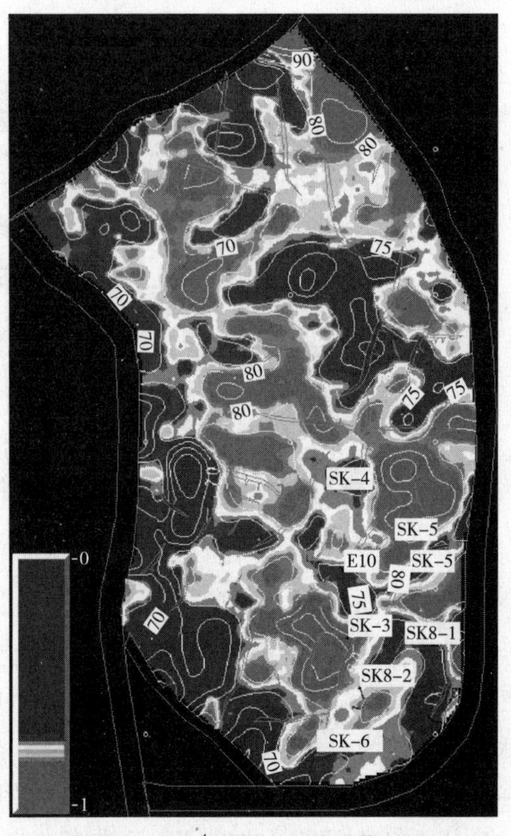

图4-27　K_2y^3 砂层组吸收系数平面图　　　　图4-28　K_2y^4 砂层组吸收系数平面图

根据以往研究和钻井资料表明，在江汉盆地西南缘，地震波阻抗对储层的反应较为敏感，因此，以波阻抗为主，结合其他参数，应用相关聚类分析方法进行综合分析，通过其相关特征，预测有利砂岩储层的分布。

1)K_2y^3 砂层组综合分析

图4-29是 K_2y^3 砂层组的波阻抗、孔隙度、吸收系数三参数叠合分析图，该图上空白区代表3种参数完全相关(3种参数都符合判别依据中的有利标准，即波阻抗值在12000～12750之间，孔隙度≥7%，吸收系数>0.75)，非空白区代表不相关或不完全相关(三者不相关或只有两者相关)。从该图上可以看出，有两个空白区呈近南北向窄带状展布，一个位于断块中央，北宽南窄，贯穿断块南北；另一个空白区位于断块东南部，沿谢凤桥断层分布，面积较小。此外在断块的东北角和西北角，各有一个小面积空白区。

结合反射振幅、反射频率分析，图(4-29)空白区基本显示为强反射振幅和相对低频特征，因此，反映了 K_2y^3 砂层组有利储层的分布状态(图4-30)。从有利储层的分布特征来看，推测为河道沉积砂体。

2)K_2y^4 砂层组综合分析

K_2y^4 砂层组中有利储层的分布与 K_2y^3 砂层组有所不同(图4-31、图4-32)，有3个有利储层分布区，分别位于断块的北部、中部和东南部。北部有利区呈北东向块状分布；中部有利区呈近东西向“厂”字形带状展布，SK8－5 井落在该有利区内，SK8－4 井也处在该有利区的边缘；东南部有利区则沿着谢凤桥断层呈北东向展布，SK8－1 井、SK8－6 井和 Es8 井均落在该有利区内。根据其分布特征分析，推测为三角洲前缘远砂坝或河口坝沉积砂体。

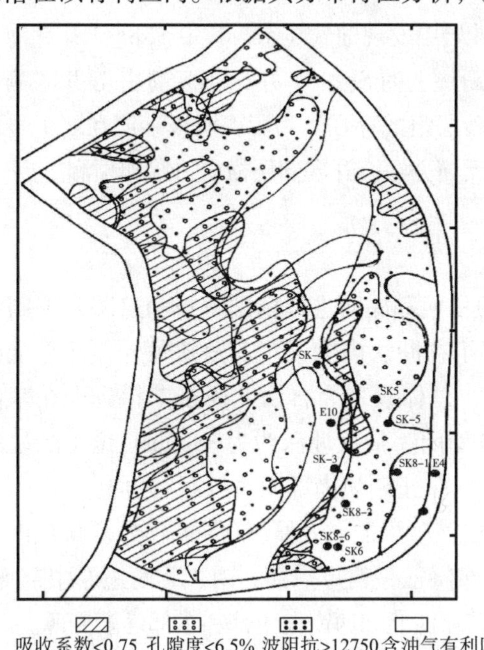

图 4－29　K_2y^3 砂岩储层三参数叠合分析图

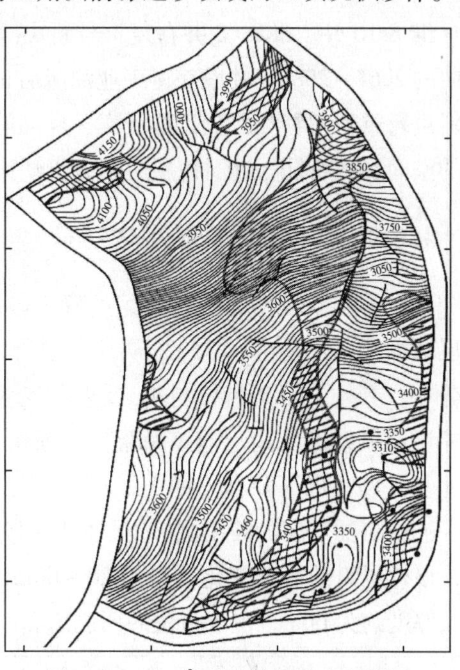

图 4－30　K_2y^3 砂岩储层综合预测图

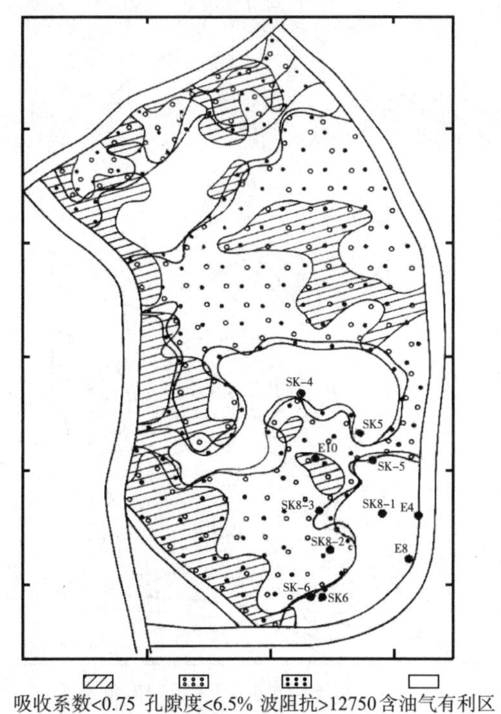

图 4－31　K_2y^4 砂岩储层三参数叠合分析图

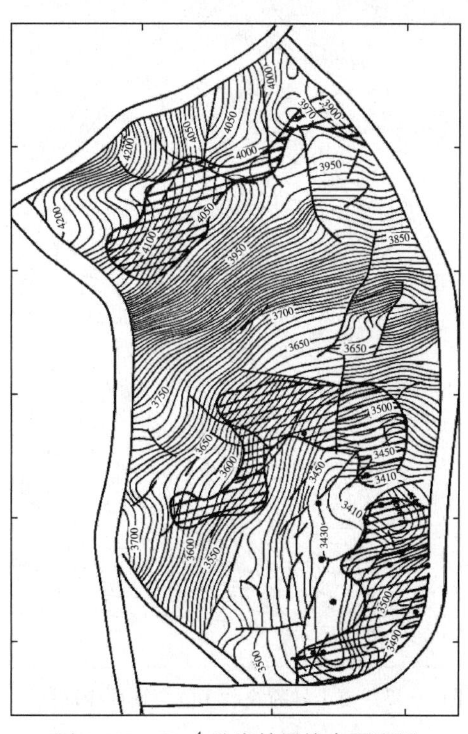

图 4－32　K_2y^4 砂岩储层综合预测图

4.6 复1号断块沙市组砂岩储层综合分析

继Es10井、SK8－3井在复1号断块沙市组砂岩中发现油气显示，其中SK8－3井在沙市组中的2967～2986m井段获得工业油流后，对该断块上的SK8－1井、SK8－2井等井的测井资料进行重新解释和研究，都证实了含油的砂3砂层组的存在。为了查明该砂层在复1号断块的空间展布特征，针对该层应用宽带约束地震反演方法，开展储层横向追踪和预测。

4.6.1 构造特征与厚度分布

通过波阻抗反演，对沙市组的砂3砂层组的顶面和底面进行精细解释和追踪，编制了油层顶面构造图(图4－33)。从该图上看，油层组在断块内除了东北角缺失外，几乎全都有分布，其构造形态特征与T_{10}反射层基本一致，总体表现为自西北向东南抬升，在东南部靠近谢凤桥断层边上与该断层构成断块、断鼻圈闭。最大埋深约为3820m，位于断块的西北复兴场断层下降盘一侧；最小埋深为3000m，位于断块南部谢凤桥断层边上。

通过对油层组的波阻抗标定，应用积分法求出该砂层的有效厚度(图4－34)。从该图上看，该砂层组的厚度变化范围为20～60m，其分布特征呈西厚东薄，南、北两边厚中部薄，最大厚度约为60m，位于断块的西北角和西南角，自西北和西南向中部和东部逐渐变薄。

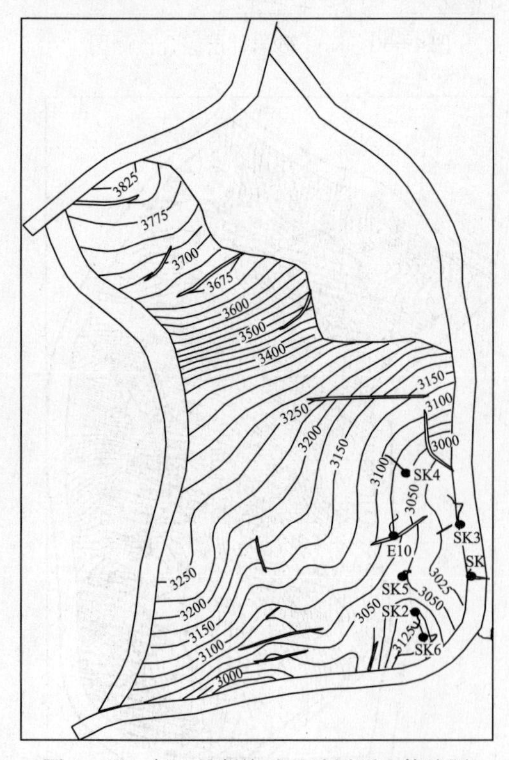

图4－33 复1号断块砂3砂层顶面构造图

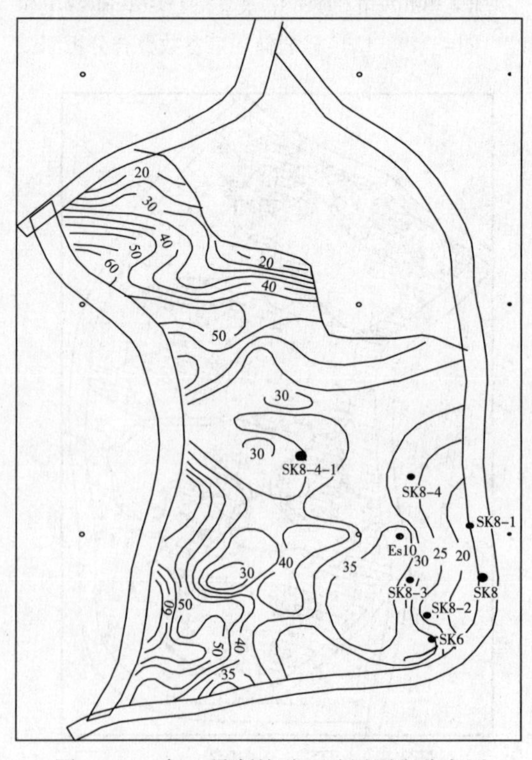

图4－34 复1号断块砂3砂层厚度分布图

4.6.2 波阻抗特征及有利储层的分布

图4－35是过SK8－6井、SK8－2井的波阻抗剖面，该剖面位于断块的南部，呈南西西—北东东向(图4－36)。可以看出砂3油层组表现为相对低波阻抗特征，其波阻抗值在11000～12000之间，而围岩则表现为相对高波阻抗。此外，从油层组波阻抗相位变化特征来看，明显反映出该油层组自东向西逐渐增厚的特点。图4－37是另外一条过SK8－6井、Es10井、SK8－3井的南北向波阻抗剖面，从这张剖面上也反映出砂3油层组的低波阻抗特征，而且有北好南差的特点。但在厚度上，南北变化不大。

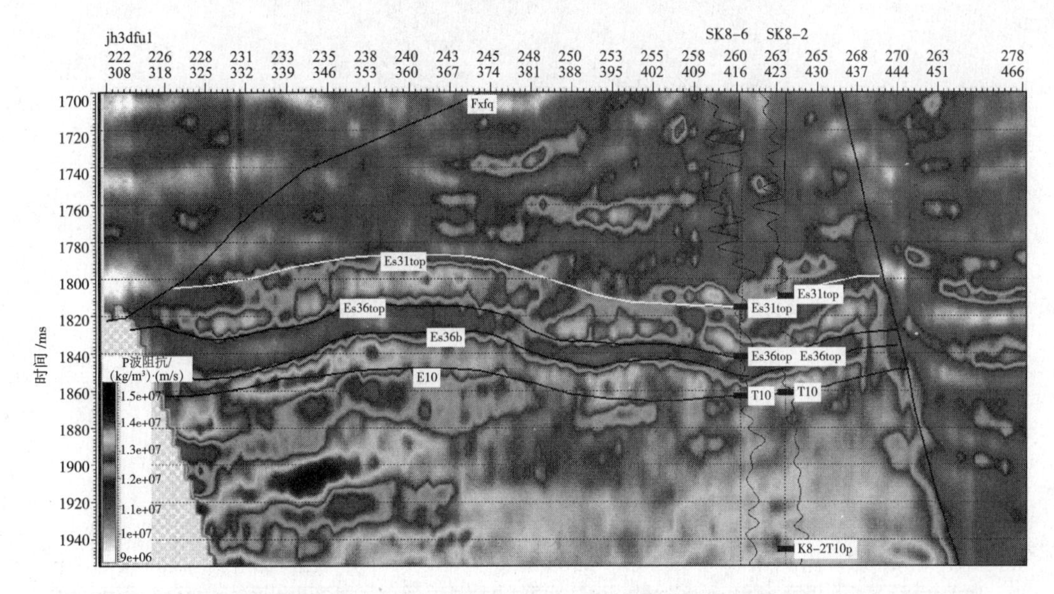

图4－35 复1号断块砂3砂层反演波阻抗剖面

利用波阻抗剖面，进行层位对比追踪，并沿层拾取其波阻抗值，获得了砂3油层组的波阻抗平面变化图(图4－37)。从该图上看出，断块的北部和东南部各有一个低波阻抗异常，而中部和西北部相对表现为高波阻抗，自北向南，波阻抗分布呈“高—低—高—低”的特征。北部低波阻抗区面积较小，呈不规则多边形，北西向展布。东南部低波阻抗区呈三角形，北东向展布，西部连续性较好，东部连续性较差，被一些高波阻抗条带分割成若干独立的块体，具网状特征。

根据钻井的油气显示情况来看，在该断块内共打了6口井，有4口井处在低波阻抗部位(Es10井、SK8－3井、SK8－6井、SK8－4井)，其中SK8－3井、SK8－6井和Es10井见到好的油气显示，并获得了工业油流，而SK8－2井处在高波阻抗部位，油气显示差，未获得工业油流，反映了储层的波阻抗变化与油气赋存有关。因此，根据波阻抗的变化特征及储层的波阻抗范围值(小于12000)，预测有利的储层分布范围，将断块的北部和南部低波阻抗区划分为两个有利的储层区带(图4－38)，这两个区带都有岩性圈闭的特点。东北部区带尚无钻井资料，有待于今后通过钻井进一步证实。

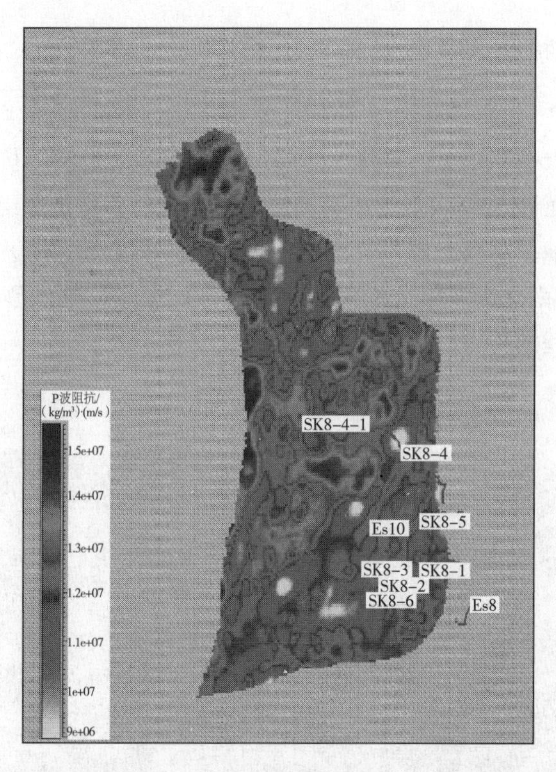

图4－36　复1号断块砂3砂层波阻抗反演平面图

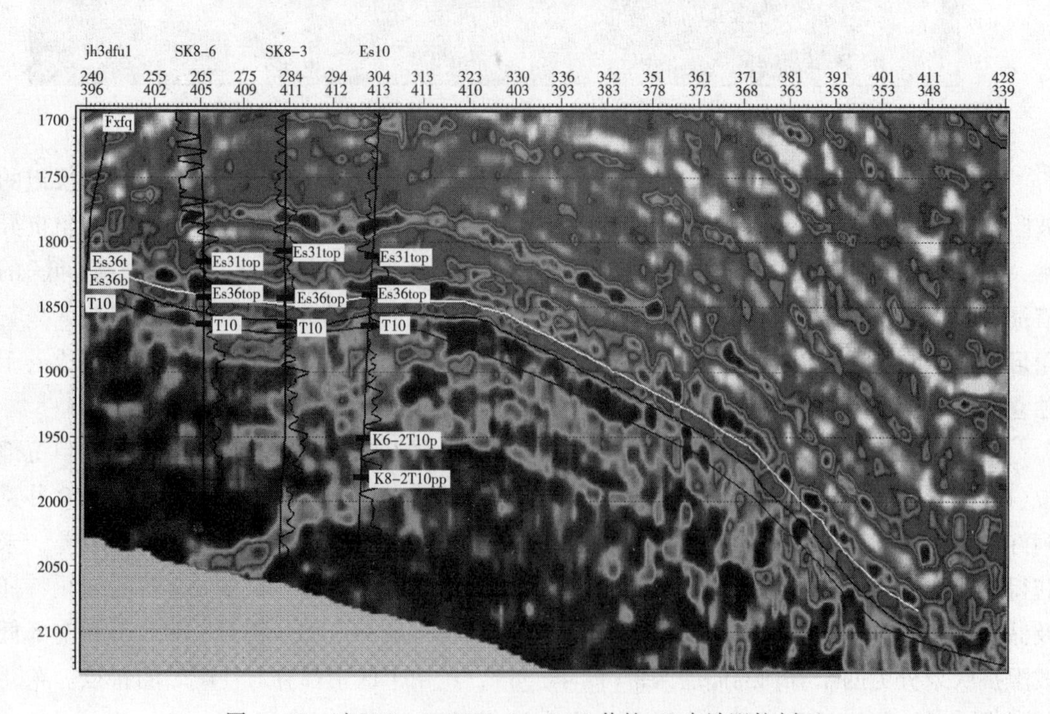

图4－37　过SK8－6、SK8－3、Es10井的NS向波阻抗剖面

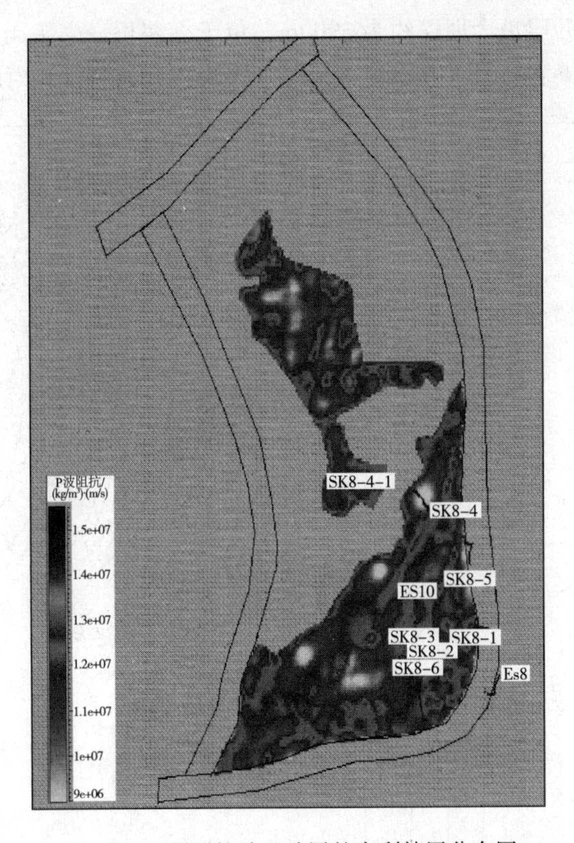

图4－38　预测的砂3砂层的有利储层分布图

4.7　南岗Ⅰ号构造新沟咀组下段(Ⅱ－1)砂岩储层综合分析

据Es9井、L9井资料显示，新沟咀组下段的Ⅱ油组包含有多个砂层组，其中Ⅱ－1砂层组是本区的主力储层，该砂层组由10多个单砂层组成，单砂层厚度一般为1.5～4.0m，累计砂岩厚度约为16～27m，砂层之间夹薄泥岩层，呈薄互层型，总厚度50～62m(Es9井59m，L9井61.2m)。

储层岩性主要为含长石石英细砂岩，其物性特征为：孔隙度一般为4.8%～8.9%，平均为6.9%；渗透率一般为$(0.095\sim0.821)\times10^{-3}\mu m^2$，平均为$0.42\times10^{-3}\mu m^2$；声波时差一般为200～225μs/m，其中，干层≤200μs/m，差油层<225μs/m，油层≥225μs/m；电阻率一般为7～30Ω。

1)构造形态特征

南岗Ⅰ号构造新沟咀组下段的Ⅱ－1砂层组的构造特征与该构造T8、T9两个反射层的特征基本一致，都表现为自西(梅槐桥－牛头岗向斜)向东抬升，在靠近南岗Ⅲ号断层时，抬升速度减慢，产状趋于平缓，东边被南岗Ⅲ号断层切割遮挡，形成近南北向展布的断鼻圈闭(图4－39)。该砂层最大埋深约为3900m，位于梅槐桥—牛头岗向斜核部，最小埋深约为2850m，位于断鼻的顶部。该砂层中断裂不发育，构造特征相对较简单。

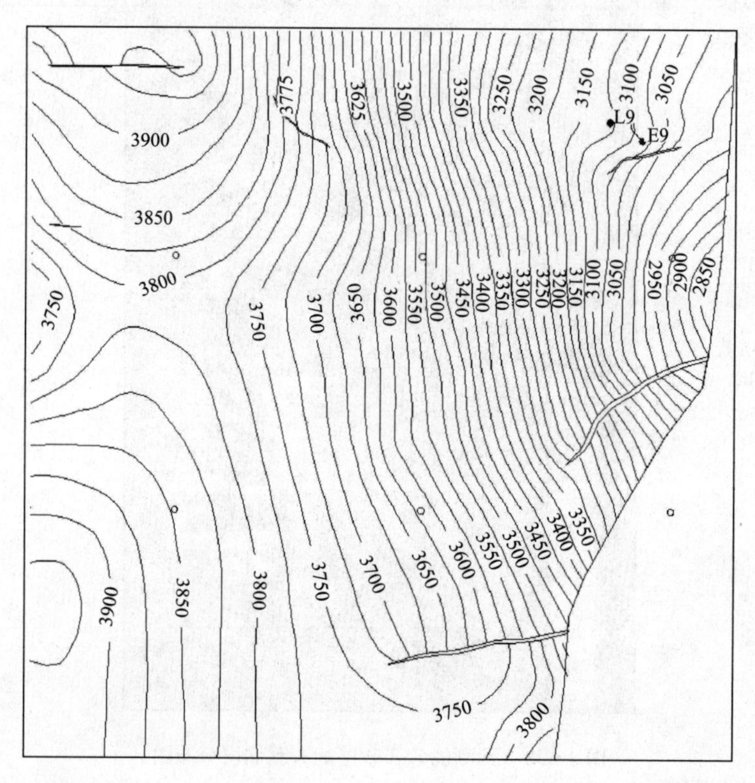

图4－39　南岗Ⅰ号构造Ⅱ－1砂层组顶面构造图(图中E9为Es9)

2)波阻抗变化特征

图4－40是反映南岗Ⅰ号构造新咀组下段Ⅱ－1砂层组波阻抗变化特征的波阻抗剖面，从图上看，该剖面过Es9井的Ⅱ－1砂层组显示为相对低波阻抗特征，顶部是以一相对高波阻抗薄层与上部的另一低波阻抗层形成分隔，其下部则是一套较厚的高波阻抗层。在横向上，该层波阻抗自构造高部位向翼部降低更加明显，即构造翼部的波阻抗相对较低。从厚度变化来看，则反映为自深凹处向高部位增厚的特点。

经过层位横向追踪，沿层拾取其波阻抗值，编制了该层波阻抗等值线平面图(图4－41)。从该图上可以看出，波阻抗值横向变化较大，最大值为13100，最小值为11600，总体变化趋势表现为东部波阻抗值较小而西部较高，在此基础上，中部(南岗Ⅰ号构造的翼部)比东部又相对低些。因此，大致将南岗Ⅰ号构造Ⅱ－1砂层组的波阻抗值划分为高、低、次低3个分布区。西部为高波阻抗区，波阻抗值≥11900，最大值为13100；中部为低波阻抗区，其波阻抗值≤11900，最小值为11750；东部为次低波阻抗区，波阻抗值在11750～12250之间。Es9井处在次低波阻抗区内，其波阻抗值为11900。西部高波阻抗区和东部次低波阻抗区内部相对变化较大，等值线较复杂，而中部低波阻抗区变化缓慢，等值线较简单。3个分布区都呈北东向展布，它们与构造位置的对应关系为：西部高波阻抗区对应于梅槐

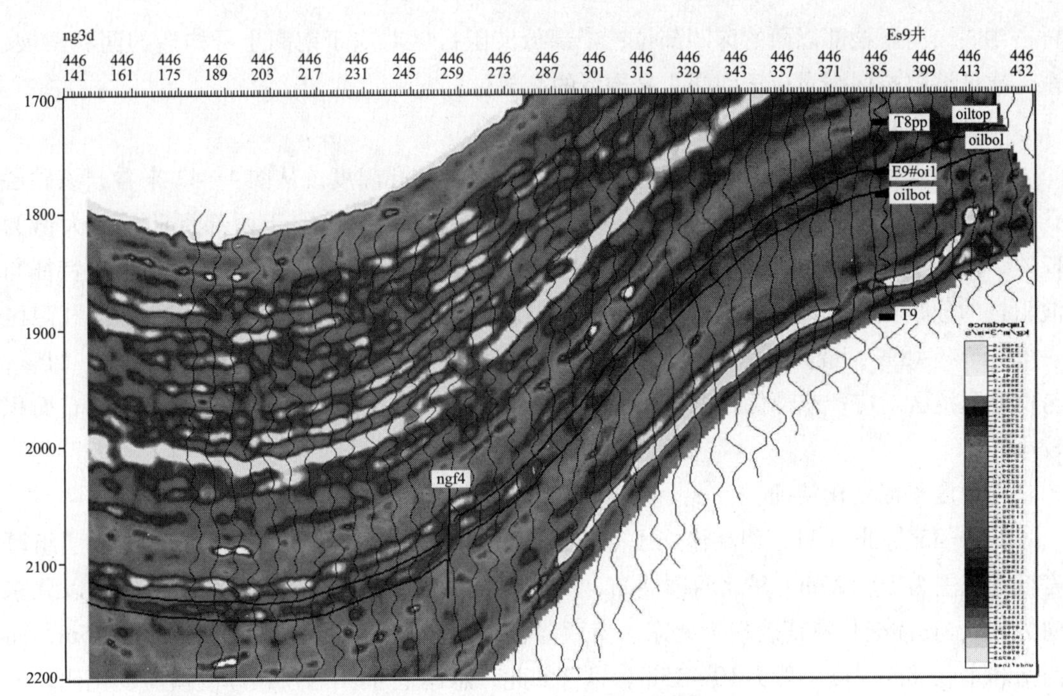

图 4-40 过 Es9 井波阻抗剖面图

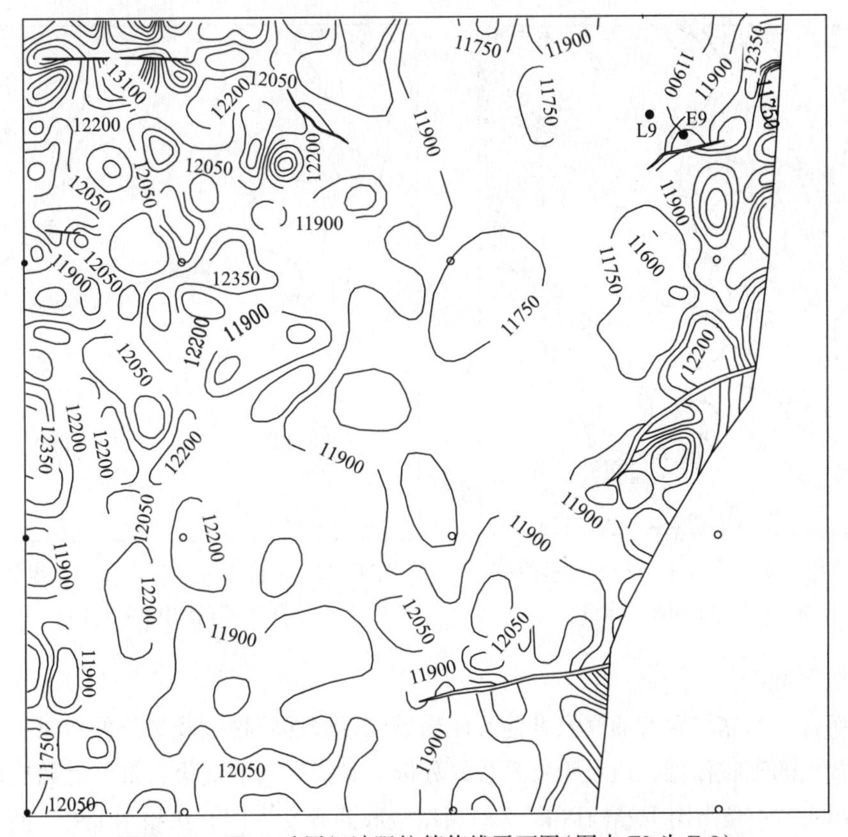

图 4-41 Ⅱ-1 砂层组波阻抗等值线平面图(图中 E9 为 Es9)

桥—牛头岗向斜核部以西的深凹部位；中部低波阻抗区对应于南岗Ⅰ号构造的西翼斜坡；东部次低波阻抗区则对应于南岗Ⅰ号构造的高部位。

3)孔隙度横向变化特征

这次地震反演所得到的孔隙度值略高于测井解释的孔隙度，从图4-42来看，该砂层孔隙度平面上变化不大，一般为8%～10%，最小值为7%，位于西部深凹，最大值为12%，位于东北角。如果不考虑东北边角上的局部最大值(12%)，则孔隙度的分布特征与波阻抗的分布相似，大致也可分成3个区，自西向东呈“低—高—低”特征。西部低孔隙区一般为7%～8%，最高为10%，与高波阻抗区对应；中部高孔隙区，一般为9%～11%，与低波阻抗区对应；东部低孔隙区一般为8%～10%，与次低波阻抗区对应，但分布面积较小。

4)厚度平面变化特征

图4-43是Ⅱ-1砂层组在南岗Ⅰ号构造的厚度平面图，从该图上看，Ⅱ-1砂层组厚度变化范围为10～25m，呈北西向展布，与波阻抗的展布方向不一致(波阻抗展布以北东向为主)，具体变化特征表现为北东、南西薄，中部厚。中部的厚度一般为20～25m，而西南和东北部的厚度一般为10～15m。尽管如此，总体上Ⅱ-1砂层组厚度横向变化比较平缓，反映了相对较稳定的沉积特征。

图4-42 南岗Ⅰ号构造Ⅱ-1砂层组孔隙度参数平面图(图中E9为Es9)

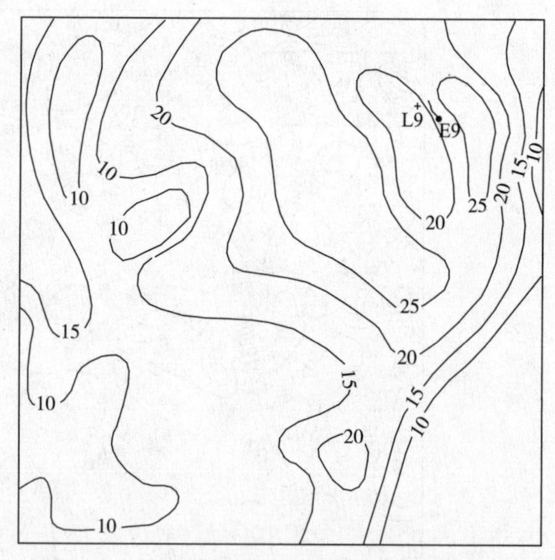

图4-43 南岗Ⅰ号构造Ⅱ-1砂层组储层厚度平面图(图中E9为Es9)

5)吸收系数特征

一般而言，当储层含有油气及其他流体物质或者岩性较松散及裂隙发育时，对地震波将会产生较大的吸收作用，通过吸收系数的分析，寻找有利的储集岩带，是储层研究的一种手段。图4-44是南岗Ⅰ号构造Ⅱ-1砂层组吸收系数平面图，从该图上看，研究区中东部有一个高吸收系数异常，相当于南岗Ⅰ号构造的西翼斜坡，面积较大，且连续性较好，呈近南北向展布，Es9 井也包含在该异常内。构造最高部位，也就是靠近南部断层边上，反映为相对低的吸收系数特征。结合该砂层顶面构造图及地震剖面分析，吸收系数异常区内，断层并不发育，地震反射能量和连续性都较好，因此，认为该异常与油气分布有关。

6）振幅变化率特征

通过振幅变化率[143~146]研究岩性和预测油气，比传统的瞬时振幅方法、均方根振幅方法更能够直观地反映振幅的变化特征，特别是当我们对研究区的储层、油气的地震振幅响应特征不能确定时，振幅变化率能够帮助我们把异常目标确定下来，再结合其他的信息进行综合分析。该方法大量应用于岩溶、裂缝预测研究中，并取得相对较好的地质效果。振幅变化率的计算公式为 $AVR = [(\mathrm{d}amp/\mathrm{d}x)^2 + (\mathrm{d}amp/\mathrm{d}y)^2]^{1/2}$，式中 AVR 为振幅变化率，amp 为振幅值。振幅变化率只与沿层时窗内振幅的横向变化有关而与振幅的绝对值无关。

图 4－45 是Ⅱ－1 砂层组在南岗Ⅰ号构造的振幅变化率，可以看出，振幅变化率的分布特征与层面的等值线密集部位的分布极为相似，西南缘大面积区域和东北角显示为低变化率，在两个低变化率之间夹着一个高变化率条带，呈北西向展布，也对应该砂层组最厚的条带（20～25m），推测该砂带的裂缝相对发育。Es9 井处在该异常带外的一个孤立的小异常带上，推测该区域的裂缝发育稍弱，这个结论也与井资料吻合度较好。

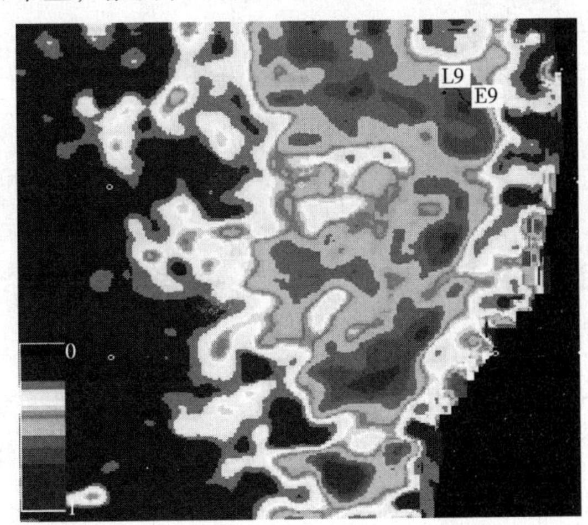

图 4－44　南岗Ⅰ号构造Ⅱ－1 砂层组吸收系数平面图（图中 E9 为 Es9）

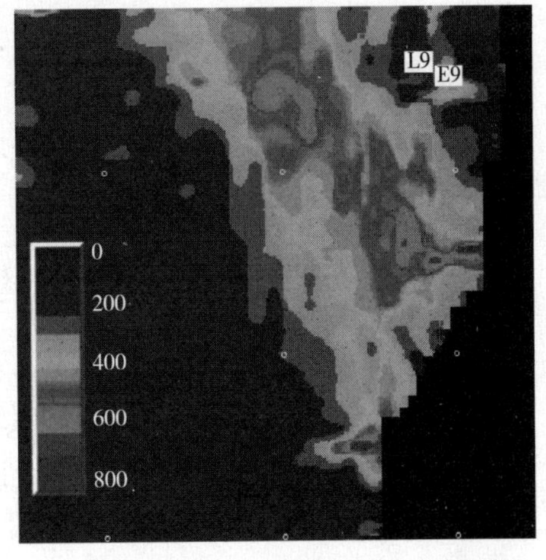

图 4－45　南岗Ⅰ号构造Ⅱ－1 砂层组振幅变化率平面图（图中 E9 为 Es9）

7）储层综合预测

由上述对 Es9 井、L9 井的Ⅱ－1 砂层的各种地震参数响应特征对比分析可知，该砂层含油气的地震响应标志为次低波阻抗、强吸收系数、高振幅变化率等特点。依据这一标志，将吸收系数、振幅变化率、储层厚度 3 种参数叠合进行分析，得到了图 4－46 所示的结果，图上灰色区块代表三者综合异常分布区域。该区域具有储层厚（大于或等于 15m）、高振幅变化率、强吸收系数；另外，图中的点—划线为振幅变化率为 300 的异常边界线，短划线为吸收系数为 0.7 的异常边界线，长划线为综合三参数所预测的综合异常区域的边界线，该线内的灰色区域为有利砂岩储层的分布区域。Ⅱ-1砂层的有利储集岩区域整体上呈条带状、楔形的南北向展布，北部的面积比南部的大，连通性良好。利用综合异常分布区域并结合Ⅱ-1砂层顶面等高线的结果进行勘探井位布设，有望钻遇优质含油砂层。

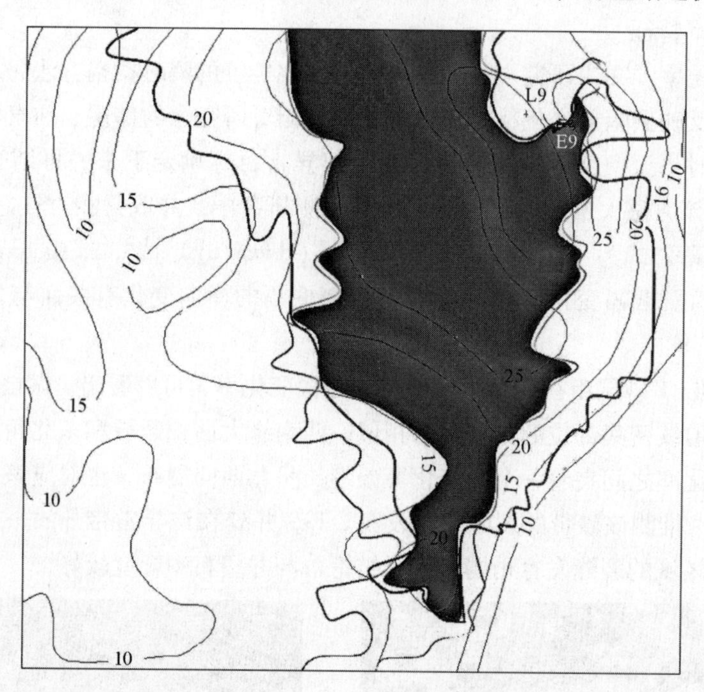

图4-46　南岗Ⅰ号构造Ⅱ-1砂层组三参数叠合平面图(图中E9为Es9)

4.8　谢风桥—丁家湖新沟咀组下段(Ⅲ1^5)砂岩储层综合分析

据Es4井、Es6井资料分析，新沟咀组下段的Ⅲ油组可划分为Ⅲ1、Ⅲ2和Ⅲ3共3个砂层组，每个砂层组又可以划分为若干个单砂层，其中Ⅲ1^5(Es4井3412.0～3414.0m井段)和Ⅲ3^2(Es4井3526.4～3529.5m井段)已经获得工业油流。

Es4井中的Ⅲ1^5砂层厚度为2.0m，岩性为含膏、含灰石英粉砂岩，测井解释成果表明，该层孔隙度为5.6%～15.6%；渗透率为(1.4～43.9)$\times 10^{-3}\mu m^2$；声波时差为212～215μs/m；电阻率为9～13Ω。

1)构造形态

通过对波阻抗剖面上的Ⅲ1^5砂层的对比与追踪表明，Ⅲ1^5砂层组的空间展布十分有限，仅在谢风桥断鼻上有分布，从波阻抗剖面上可以清楚地看到该层自谢风桥断鼻顶部(Es4井)向东和南东两翼尖灭的特征(图4-47、图4-48)，向南因受到红花庙断层的分隔后，其特征不好识别，因此没有追踪。从编制的砂层顶面构造图来看(图4-49)，其总体的构造形态与T_9反射层完全一致，也是由谢风桥断层和红花庙断层封堵形成断鼻圈闭，西面由谢凤桥断层遮挡，南面则由红花庙断层遮挡，构造面向东和北东下倾。该砂层组断裂不发育，除了谢凤桥、红花庙两条断层外，再没有发现别的断层，构造特征相对简单。

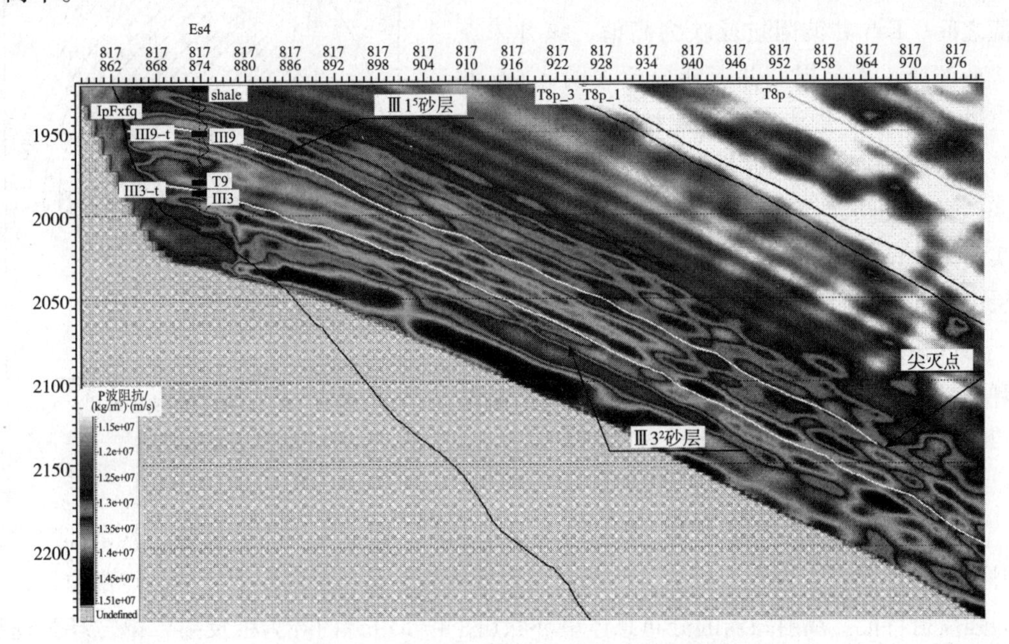

图 4－47　谢凤桥构造 EW 方向波阻抗剖面图

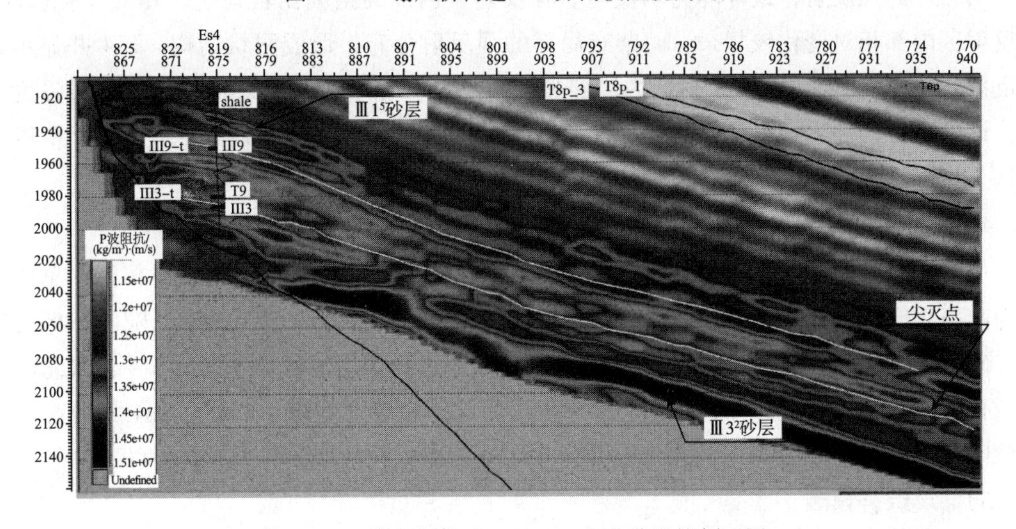

图 4－48　谢凤桥构造 NW－SE 方向波阻抗剖面图

2）波阻抗平面分布特征

图 4－50 是Ⅲ1^5 砂层组沿层拾取的波阻抗平面图，从该图上可以看出，与该层构造图对应的南部和东部表现为低波阻抗，波阻抗值为 11000～12750，中部包含 Es6 井在内表现为高波阻抗，其数值为 13000～14000，而北部则表现为次低波阻抗，具体数值为 12750～13000。在此基础上，中部 Es4 井处（即在南部高值与中部低值之间）及南部低值区的边缘，

还各显示有一个面积较小的次低值区。

结合Es4井、Es6井分析，Es4井在该层获得工业油流，其波阻抗反映为次低值，介于低值和高值之间；Es6井波阻抗反映为高值，该井未获得工业油流，而且据测井资料分析表明，Es6井该层砂岩比Es4井致密，因此认为次低波阻抗(12750~13000)是有利储层的反映，高波阻抗是致密砂岩的反映，而低波阻抗区目前还没有钻井证实，因此，推测可能存在下述两种情况：①该砂层由高部位向低部位延伸，沉积上泥岩含量增高，造成整体速度降低，导致波阻抗降低；②这是有利砂岩储层的反映，可能存在比Es4井处更好的储层体系。

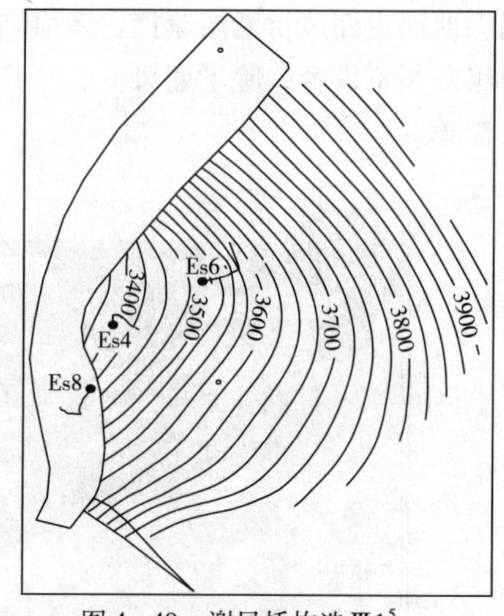

图4-49 谢凤桥构造Ⅲ1^{5}砂层顶面构造图

3)反射强度特征

从该层的反射强度特征来看，砂层分布区东北部、西部表现为弱反射，其余部位为强反射的“亮点”特征，在此基础上，西部弱反射区内靠近谢凤桥断层的断鼻高点部位，也反映为强反射特征。反射强弱的分布总体呈环状(图4-51)，内环为强反射，第二环为弱反射，第三环为强反射，最外环为弱反射。强反射区内部的振幅比较稳定，相对变化较小，弱反射区内部相对变化较复杂，间杂有局部的强反射分布，形成网状结构。Es4井显示为弱反射特征，Es6井处在弱反射区内局部强反射部位，显示为强反射特征。从反射强度来看，该砂层含油后表现出弱反射特征，而具有“亮点”特征的Es6井则储层段致密，所以可以认为该层段的有利砂岩储层为弱反射特征。

4)孔隙度特征

从图4-52看出，Ⅲ1^{5}砂层的孔隙度横向变化特征与其波阻抗变化特征相似，总体表现为南高北低，在此基础上，具体可以划分为3个区，即高孔隙区、次高孔隙区和低孔隙区。砂层分布区西北部(沿谢凤桥断层北段东侧)为低孔隙区，孔隙度值≤8%，东北部为次低孔隙区，其值为8%~12%，南部为高孔隙区，一般孔隙度≥12%。Es4井处在次高孔隙区里，孔隙度值为11%，而Es6井位于低孔隙区，孔隙度值只有6%左右。

5)储层综合预测

通过上述对各参数变化特征的分析，比较Es4井、Es6井对各参数响应的差异，得到了Ⅲ1^{5}砂层含油气的地震响应特征为相对低波阻抗、弱振幅、相对高孔隙度。将上述参数叠合后发现，砂层分布区东北部和中西部(含Es4井在内)两个条带表现为低波阻抗、相对高孔隙度和弱振幅三参数完全相关(图4-53)，是有利的储层分布区带。南部和东部虽然也表现为低波阻抗和高孔隙度，但反射振幅却表现为强反射特征。Es6井则处在高波阻抗、强振幅、低孔隙度的不利部位。结合构造圈闭特征分析，东北部有利区处在谢凤桥断鼻东北翼相对较低的部位，但仍属于圈闭范围内，而中西部有利区则处在断鼻最高点南半部，并向东南翼部延伸一定距离。

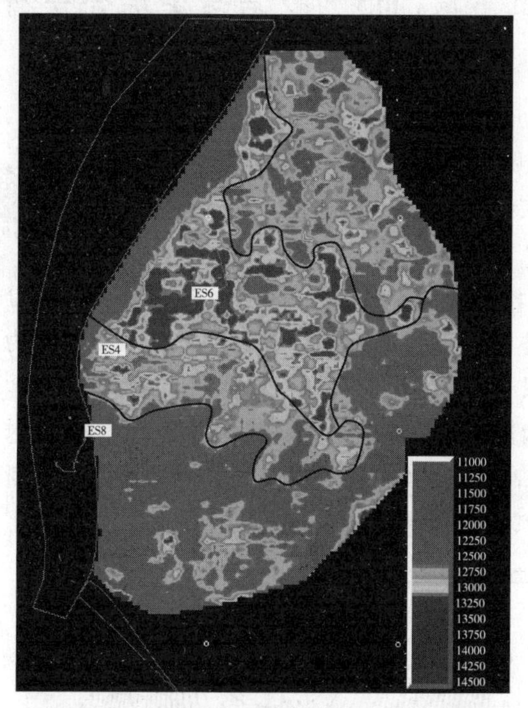

图4－50 谢凤桥构造Ⅲ1^5 砂层波阻抗平面图

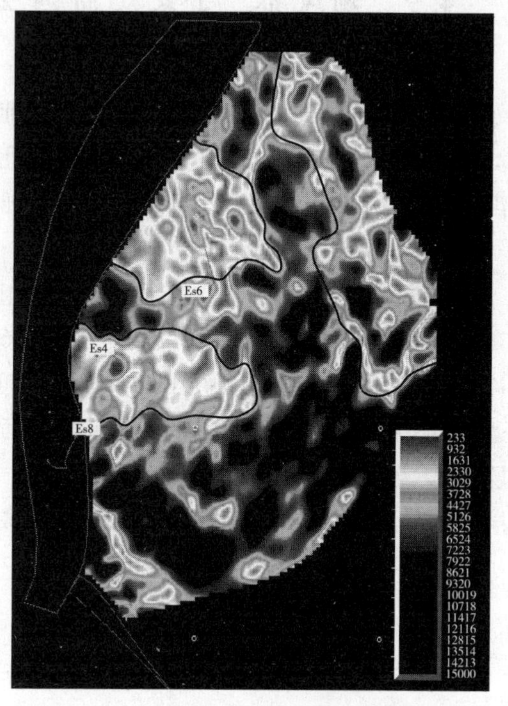

图4－51 谢凤桥构造Ⅲ1^5 砂层振幅平面图

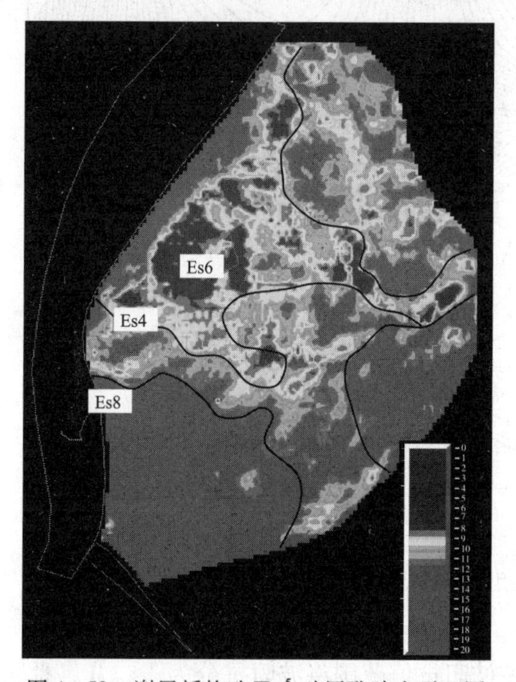

图4－52 谢凤桥构造Ⅲ1^5 砂层孔隙度平面图

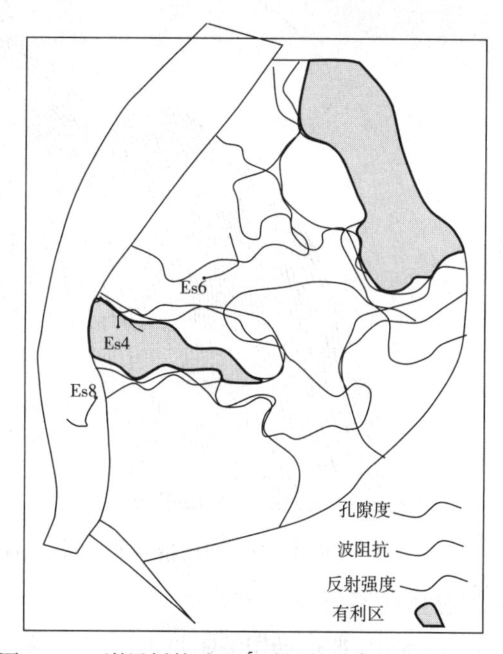

图4－53 谢凤桥构造Ⅲ1^5 砂层的三参数叠合平面图

4.9　谢凤桥—丁家湖新沟咀组下段(Ⅲ3^2)砂岩储层综合分析

研究区内的Es4井中的新沟咀组下段(Ⅲ3^2)砂层厚度为3.1m，其岩性与Ⅲ1^5基本相同，均属粉—细石英砂岩。测井解释中该层的孔隙度平均值为12%，渗透率为$4.5\times10^{-3}\mu m^2$，声波时差为240.4μs/m，电阻率为32.4Ω，储层经测试获工业油流。

1)砂岩储层分布特征

从波阻抗剖面追踪情况来看，新沟咀组下段(Ⅲ3^2)砂层在谢凤桥—丁家湖一带都有分布，但横向上物性变化很大，Es4井和Es6井相隔不到1km，但该层在Es4井孔隙度为12%，是较好的储层，而在Es6井，孔隙度只有5%，反映其物性在横向上的不均一性。通过波阻抗的对比、追踪，编制了该层顶面构造图，从该图上看，其构造形态与T9反射层基本一致，总体形态均表现为东高西低，南高北低的特征(图4-54)，西边被谢凤桥断层切割，沿断层东侧的北部和南部分别形成谢凤桥断鼻和丁家湖断鼻两个圈闭。

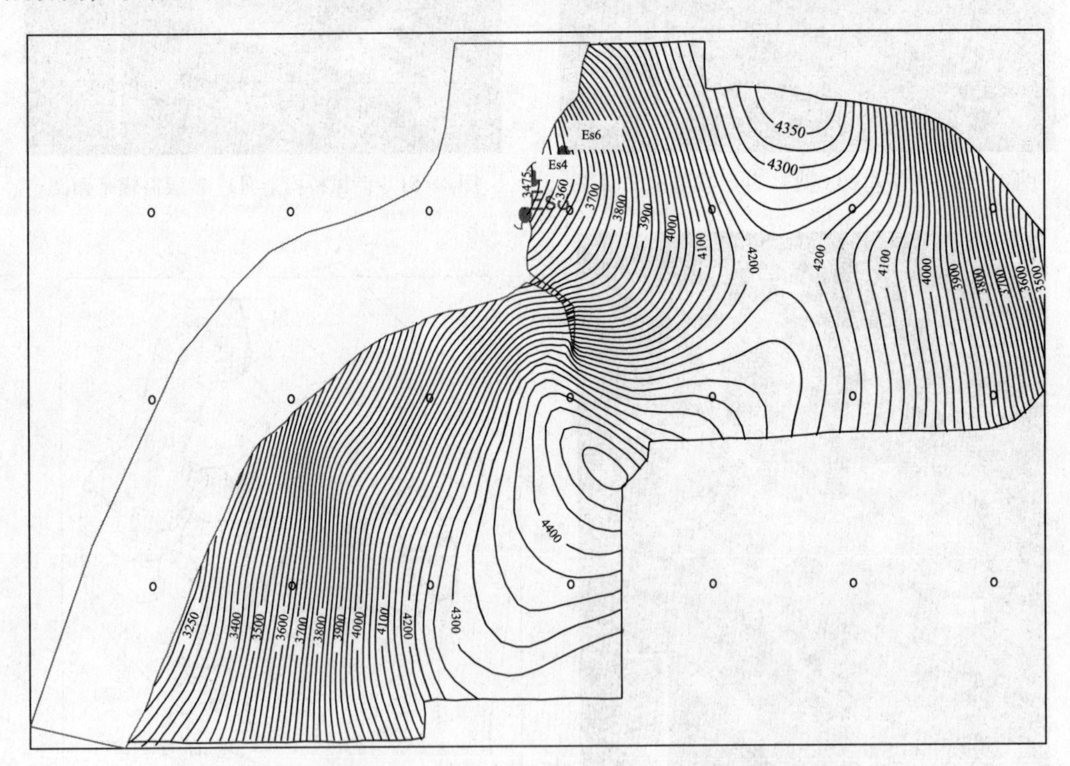

图4-54　谢凤桥—丁家湖新沟咀组下段(Ⅲ3^2)砂层顶面构造图

2)波阻抗平面分布特征

图4-55是Ⅲ3^2砂层波阻抗沿层切片图，按波阻抗值范围将波阻抗分为Ⅰ、Ⅱ、Ⅲ三大类。图面上红色代表低波阻抗(Ⅰ类)，蓝色代表高波阻抗(Ⅲ类)，可以看出这些颜色

的变化自北向南由深蓝及浅蓝(Ⅲ类)、绿、淡绿(Ⅱ类)逐渐变化到红色(Ⅰ类)，反映该层波阻抗的分布具有北高南低、西高东低的特征。Es4 井处在绿—淡绿颜色(Ⅱ类)区间，属次低波阻抗特征；而 Es6 井处在蓝色区间(Ⅲ类)，属高波阻抗特征；南部和东部大部分范围显示为红色(Ⅰ类)，属低波阻抗特征。由于 Es4 井在该层获得了工业油流，而 Es6 井虽见到油气显示，但因储层物性太差，未能获得工业油流，因此，将 Es4 井处次低—低的波阻抗特征(绿—红色)作为有利储层的波阻抗特征，而南部大片红色的低波阻抗分布区，由于没有钻井标定，同时距离已知钻井又比较远，目前还不好明确定义。

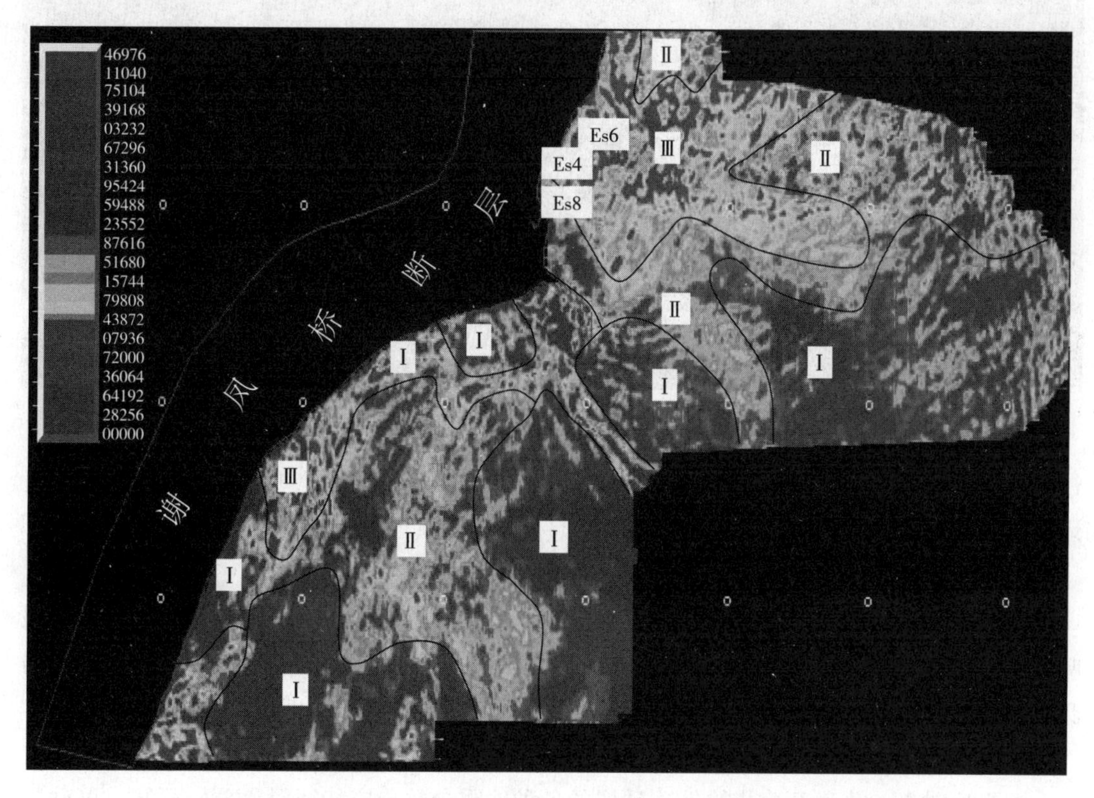

图 4-55　谢凤桥—丁家湖新沟咀组下段(Ⅲ3^2)砂层波阻抗平面分布图

3)孔隙度横向变化特征

由于孔隙度参数是通过测井解释结果和井旁道的波阻抗数据进行回归分析，得到孔隙度—波阻抗的关系，然后根据反演得到的波阻抗计算孔隙度，因此该层孔隙度的横向变化特征与波阻抗很相似，低波阻抗与高孔隙度对应，高波阻抗则与低孔隙度对应。其横向变化特征也呈北低南高、西低东高特征，北部反映为低孔隙度特征，南部和东部反映为高孔隙度特征，而中西部则介于这两者之间，属于次高孔隙特征。Es4 井处在次高孔隙区内，而 Es6 井则处在低孔隙区内(图 4-56)，与钻井反映的情况基本吻合。

4)反射强度特征

从该层的反射强度特征来看，砂层的反射强度特征为东南部强、东北部中强、东部弱。Es4 井在该层段处于中强—强反射区域，而 Es6 井处于弱反射区域。因此，我们可以

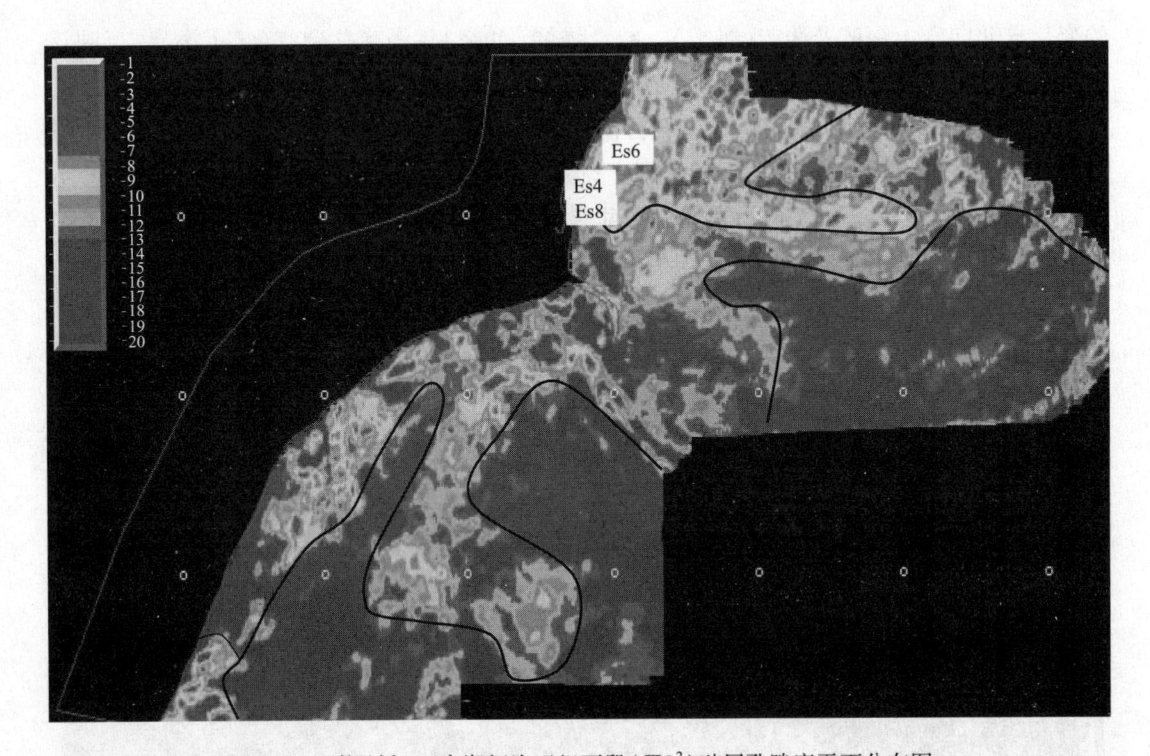

图 4-56　谢凤桥-丁家湖新沟咀组下段(Ⅲ3²)砂层孔隙度平面分布图

认为对于Ⅲ3² 砂层，“亮点”特征的强振幅反射意味着储层含油气，而无“亮点”的反射区域推测为储层不含油气区域。

5)吸收系数特征

Ⅲ3² 砂层的吸收系数总体表现为西强、东弱。局部上该砂层的西部及西北部表现为强吸收系数特征，东部表现为弱吸收系数特征。Es4 井处于强吸收系数区，而 Es6 井处于弱吸收系数区。因此，我们认为 Es4 井所代表的强吸收系数异常区为我们的目标区。

6)储层综合预测

由上述对 Es4 井和 Es6 井的Ⅲ3² 砂层的各种地震参数响应特征对比分析可知，该砂层含油气的地震响应标志为次低波阻抗、次高孔隙度、中强—强反射、中强—强吸收系数。依据这一标志，将 4 种参数叠合进行分析，得到了图 4-57，图中短划线圈成的区域(内包含圆点形状)代表有利储集岩分布区(次低波阻抗、次高孔隙度、强反射强度、强吸收系数)，长划线圈成的区域(内包含三角形形状)代表可能有利砂岩储层分布区(低波阻抗、高孔隙度、中强反射强度、中强吸收系数)。Ⅲ3² 砂层的有利储集岩多呈块状或窄条带状不连续分布在沿谢凤桥断层东侧的斜坡上，在靠近断层的构造高部位，仅谢凤桥断鼻高点南半部(含 Es4 井)和丁家湖断鼻高点北半部有小范围分布。可能有利区则呈块状分布在南部及东部，基本上处于构造圈闭外。

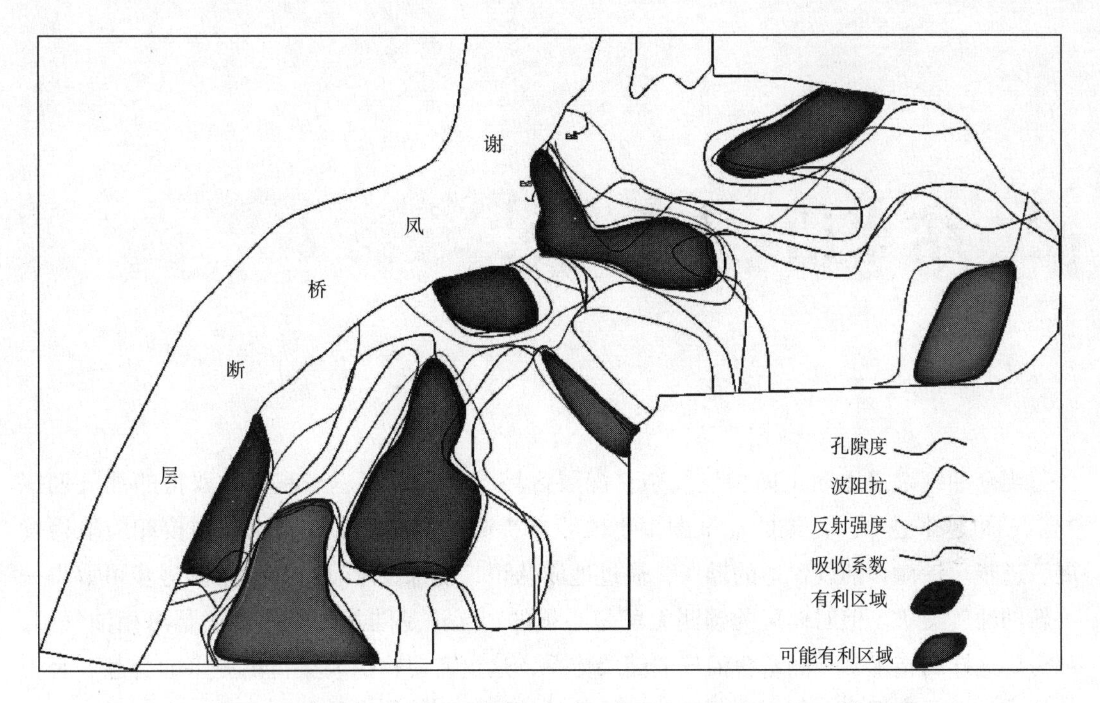

图 4－57　谢凤桥—丁家湖新沟咀组下段（Ⅲ3^2）砂层四参数的叠合分析平面图

5 结束语

当今油气勘探逐渐走向构造复杂、深层区域，勘探难度越来越大，取得的油气勘探“亮点”也越来越少。传统的油气勘探手段亟需提高，相关的物探技术也需要相应取得发展、进步。针对含油气盆地的勘探，通过地质认识、物探技术、钻井技术的进步可取得一些新的油气突破。但对储层的预测无疑是必须的，无论是陆相油气田，还是海相油气田，都需要这样的技术来预测富含油气的储层体系，这也需要物探人员付出更多的智慧、努力和汗水，以此来探索、创新出更成功、成熟的储层预测的技术及方法。

由于陆相砂岩储层的沉积具有空间上的特殊性，不同的沉积相具有不同的孔隙度大小，而孔隙度这个因素往往又会影响其储集能力，其次，储层如果发育裂缝体系，也有助于油气的产出。本书以实现成功勘探的松滋油田为主，对砂岩储层预测的主要认识和成果简述如下：

(1)对研究区的沉积相研究及分析相当重要，确定有利沉积相的位置则更能准确地找到富油的砂岩储层，这就需要井资料并结合波形分类技术、地震剖面上波组的反射特征等进行沉积相的研究，从而得到油气富集的砂岩储层的大致分布位置。

(2)利用井震联合反演可以得到砂岩储层的空间位置，砂岩储层与非储层在波阻抗值上具有一定的差异，这个结论也被井资料所证实，当然也可以利用波阻抗值与孔隙度的转换计算公式，实施孔隙度反演得到孔隙度数据体。反演结果表明低波阻抗、高孔隙度反演数据与高孔隙度砂岩储层相对应，而高波阻抗、低孔隙度反演数据则与低孔隙度或致密砂岩储层相对应。

(3)相干体技术对大型断裂的预测及小型裂缝带的分辨率还是可以的，松滋油田的大型正断层上盘的断层附近往往发育微型裂缝体系，这些裂缝可对砂岩油气储层起到沟通作用，在储层段的裂缝体系中布设勘探井、开发井或水平井则有利于钻井产出高产的工业油流；后续工作可进一步对砂岩储层进行P波各向异性检测研究，从而确定有利的微型裂缝发育带。

(4)利用叠后地震资料进行吸收系数分析的研究成果显示，含油砂岩储层通常具有较高的吸收系数，而非储层的砂岩则有较低的吸收系数，这可能是储层的孔隙及裂缝的共同作用而使地震波的衰减比非储层段的衰减相对剧烈。

(5)砂岩储层中所含的不同流体——如油或水，本书中所使用基于叠后数据体的吸收系数技术对其不能进行分辨，建议后续工作可利用AVO技术中的 $\lambda\rho$ 分析技术实施不同流体预测，探索砂岩储层的油－水识别问题。

(6)建立地震资料的储层精细解释技术，具体为对储层进行精细标定，利用波阻抗数据体及叠后数据体在剖面上的叠合显示，实施对储层段的层位精细解释，从而得到储层段的空间分布情况。

(7)精细地震资料解释及变速构造成图技术是了解砂岩储层空间分布的一大手段，构造高部位总比低部位更有利于钻获油气，但还要具体问题具体分析，如要考虑岩性圈闭的问题；其次，利用三维可视化技术可实施断层及层位产状的监控，并对解释成果进行检查及改正。

(8)地震属性及亮点分析技术可以快速、准确地找到富油的砂岩储层，砂岩储层往往表现出亮点特征及振幅变化率高值等特点，但还要具体问题具体分析，有的亮点并不能反映砂岩含油气，弱反射振幅也不一定是致密砂岩的反映，而在某些砂岩储层中是含油气的反映。

(9)多种参数的平面叠合分析更有利于寻找富油砂岩储层的平面分布位置，并利于后续勘探及开发的进行。

参考文献

[1]卢明国，童小兰，王必金．江汉盆地江陵凹陷油气成藏期分析[J]．石油实验地质，2004，26（1）：28~30.

[2]王必金，林畅松，陈莹，等．江汉盆地幕式构造运动及其演化特征[J]．石油地球物理勘探，2006，41(2)：226~230.

[3]刘丽军，肖建新，林畅松，等．江汉盆地江陵凹陷沙市组层序地层与沉积体系分析[J]．石油勘探与开发，2003，30(2)：27~29.

[4]曹卫生，李群，胡涛．潜南地区深层储集条件与油气勘探认识[J]．江汉石油职工大学学报，2004，17(6)：20~22.

[5]刘春平，朱国华．江汉盆地构造演化与古潜山油气成藏[J]．石油天然气学报(江汉石油学院学报)，2006，28(3)：174~177.

[6]王必金，曾芳，刘启凤，等．江汉盆地古潜山勘探前景展望[J]．江汉石油学院学报，2002，24(4)：13~15.

[7]刘琼，何生．江汉盆地西南缘油气运移及其成藏模式[J]．石油实验地质，2007，29(5)：466~471.

[8]刘中戎，王雪玲．江陵凹陷西南部油气特征及油气富集规律分析[J]．石油天然气学报，2005，27(1)：21~23.

[9]易积正，何生，刘琼，等．江陵凹陷西南部梅槐桥富生烃洼陷及近源油气成藏[J]．地质科技情报，2009，28(1)：57~62.

[10]廖群山，胡华，林建平，等．四川盆地川中侏罗系致密储层石油勘探前景[J]．石油与天然气地质，2011，32(6)：815~822.

[11]张哨楠，丁晓琪．鄂尔多斯盆地南部延长组致密砂岩储层特征及其成因[J]．成都理工大学学报(自然科学版)，2010，37(4)：386~394.

[12]曾联波，李忠兴，史成恩，等．鄂尔多斯盆地上三叠统延长组特低渗透砂岩储层裂征及成因[J]．地质学报，2007，81(2)：17~175.

[13]蒋凌志，顾家裕，郭彬程．中国含油气盆地碎屑岩低渗透储层的特征及形成机理[J]．沉积学报，2004，22(1)：13~19.

[14]张哨楠．四川盆地西部须家河组砂岩储层成岩作用及致密时间讨论[J]．矿物岩石，2009，29(4)：33~38.

[15]唐海发，彭仕宓，赵彦超，等．致密砂岩储层物性的主控因素分析[J]．西安石油大学学报(自然科

学版)，2007，22(1)：59~63.

[16]杨午阳，王西文，雍学善，等．地震全波形反演方法研究综述[J]．地球物理学进展，2013，28(2)：766~776.

[17]吴志强，丁国栋，李俊华，等．鄂尔多斯盆地上古生界地层AVO技术的应用[J]．海洋地质与第四纪地质，2001，20(3)：81~86.

[18]刘亚明，薛良清，潘仁芳．高效气藏与低效气藏的AVO异常响应特征[J]．新疆石油地质，2007，28(1)：122~124.

[19]王大兴，于波，高俊梅．高阻抗砂岩气藏的AVO分析[J]．石油地球物理勘探，2001，36(3)：301~307.

[20]王云专，李素华，朱伦，等．基于AVO正演模拟的泊松比反演[J]．大庆石油学院学报，2006，30(1)：7~15.

[21]何自新，付金华，席胜利，等．苏里格大气田成藏地质特征[J]．石油学报，2003，24(2)：6~12.

[22]王大兴，史松群，赵玉华．苏里格庙储层预测技术及效果[J]．中国石油勘探，2001，6(3)：32~43.

[23]包世海，张秀平，杨玉凤，等．苏里格庙地区AVO气层类型及检测结果[J]．油气井测试，2003，12(6)：30~31.

[24]潘仁芳，赵玉华，史松群．苏里格庙气田盒8段砂岩AVO正演模型研究[J]．天然气工业，2002，22(5)：7~10.

[25]史松群，赵玉华．苏里格气田AVO技术的研究与应用[J]．天然气工业，2002，22(6)：30~34.

[26]栾颖，冯晅，刘财，等．波阻抗反演技术的研究现状及发展[J]．吉林大学学报(地球科学版)，2008，38(S)：94~98.

[27]卢占武，韩立国．波阻抗反演技术研究进展[J]．世界地质，2002，21(4)：372~376.

[28]邹冠贵，彭苏萍，张辉，等．地震递推反演预测深部灰岩富水区研究[J]．中国矿业大学学报，2009，38(3)：390~395.

[29]杨立强．测井约束地震反演综述[J]．地球物理学进展，2003，18(3)：530~534.

[30]杨绍国，杨长春．一种基于模型的波阻抗反演方法[J]．物探化探计算技术，1999，21(4)：330~338.

[31] 张永华，步清华，杨春峰，等．测井宽带约束反演技术在油藏描述中的作用[J]．河南石油，1999，13(3)：1~5.

[32] 刘莹．利用测井约束反演技术辨别气层与煤层[J]．石油物探，1999，38(4)：51~56.

[33]Backus GE, Gilbert JF. Numerical Application of A Formulism for Geophysical Inverse[J]. Geophys. J. R. astr, 1967, 13：247~276.

[34]马劲风，王学军，钟俊，等．测井资料约束的波阻抗反演中的多解性问题[J]．石油与天然气地质，1999，20(1)：7~10.

[35]刘春成，赵立，王春红，等．测井约束波阻抗反演及应用[J]．中国海上油气(地质)，2000，14(1)：64~67.

[36]刘彦君，刘大锰，年静波，等．沉积规律控制下的测井约束波阻抗反演及其应用[J]．大庆石油地质与开发，2007，26(5)：133~137.

[37]王香文，刘红，滕彬彬，等．地质统计学反演技术在薄储层预测中的应用[J]．石油与天然气地质，2012，33(5)：730~735.

[38]何火华，李少华，杜家元，等．利用地质统计学反演进行薄砂体储层预测[J]．物探与化探，2011，35(6)：804～808.

[39] Rothman D H. Geostatistical Inversion of 3-D Seismic Data for Thinsand Delineation[J]. Geophysics，1998，51(2)：332～346.

[40]李方明．地质统计反演之随机地震反演方法——以苏 M 盆地 P 油田为例[J]．石油勘探与开发，2007，34(4)：451～455.

[41]孙思敏，彭仕宓．地质统计学反演方法及其在薄层砂体储层预测中的应用[J]．西安石油大学学报(自然科学学报)，2007，22(1)：41～44.

[42]孙思敏，彭仕宓．地质统计学反演及其在吉林扶余油田储层预测中的应用[J]．物探与化探，2007，31(1)：51～54.

[43]王家华，王镜惠，梅明华．地质统计学反演的应用研究[J]．吐哈油气，2011，16(3)：201～204.

[44] Dubrule O，Thibaut M，Lamy P，et al. Haas，Geostatistical Reservoir Aracterization Constrained by 3d Seismic Data [J]. Petroleum Science，1998(4)：121～128.

[45] Haas A，Dubrule O. Geostatistical Inversion-A Sequential Method for Stochastic Reservoir Modeling Constrained by Seismic Data[J]. First Break，1994，13 (12)：61～569.

[46]宁松华，曹淼，刘雷颂，等．地质统计学反演在三道桥工区储层预测中的应用[J]．石油天然气学报(江汉石油学院学报)，2014，36(7)：52～54.

[47]叶云飞，刘春成，刘志斌，等．地质统计学反演技术研究与应用[J]．物探化探计算技术，2014，36(4)：446～450.

[48]撒利明．基于信息融合理论和波动方程的地震地质统计学反演[J]．成都理工大学学报(自然科学版)，2003，30(1)：60～63.

[49]苏云，李录明，钟峙，等．随机反演在储层预测中的应用[J]．煤田地质与勘探，2009，37(6)：63～66.

[50]张建林，吴胜和．应用随机模拟方法预测岩性圈闭[J]．石油勘探与开发，2003，30(3)：114～116.

[51]郑爱萍，刘春平．随机模拟在储层预测中的应用[J]．江汉石油职工大学学报，2003，16(3)：34～36.

[52]张志伟，王春生，林雅平，等．地震相控非线性随机反演在阿姆河盆地 A 区块碳酸盐岩储层预测中的应用[J]．石油地球物理勘探，2011，46(2)：304～310.

[53]姜亮，黄捍东，魏修成，等．地震道的非线性约束反演[J]．石油地球物理勘探，2003，38(4)：435～438.

[54]刘丹，徐伟．随机反演在陆丰 13－1 油田储层预测中的应用[J]．物探化探计算技术，2012，34(3)：331～335.

[55]贾豫葛，李小凡，张美根，等．地震波非线性反演方法研究综述[J]．防灾减灾工程学报，2005，25(3)：345～350.

[56]李琼，贺振华．地震高分辨率非线性反演在薄互储层识别中的应用[J]．成都理工大学学报(自然科学版)，2004，31(6)：708～712.

[57]李勇，李正文．高分辨率非线性反演方法及应用研究[J]．天然气工业，2004，24(3)：58～60.

[58]吴建军，杨培杰，王长江，等．地震多属性非线性反演方法在东营三角洲中的应用[J]．油气地质与采收率，2013，20(1)：52～54.

[59]王开燕，徐清彦，张桂芳，等．地震属性分析技术综述[J]．地球物理学进展，2013，28(2)：815~823.

[60]王永刚，乐友喜，张军华．地震属性分析技术[M]．青岛：中国石油大学出版社，2007，97~100.

[61]郭华军，刘庆成．地震属性技术的历史、现状及发展趋势[J]．物探与化探，2008，32(1)：19~22.

[62]肖西，党杨斌，唐玮，等．地震属性分析技术在饶阳凹陷路家庄地区的应用[J]．长江大学学报(自然版)，2011，8(5)：40~42.

[63]董文波，胡松，任宝铭，等．地震属性技术在克拉玛依油田滑塌浊积岩圈闭勘探中的应用[J]．工程地球物理学报，2011，8(1)：87~90.

[64]王咸彬，顾石庆．地震属性的应用与认识[J]．石油物探，2004，43(S)：25~27.

[65]熊冉，刘玲利，刘爱华，等．地震属性分析在轮南地区储层预测中的应用[J]．特种油气藏，2008，15(8)：34~43.

[66]郑忠刚，崔三元，张恩柯．地震属性技术研究与应用[J]．西部探矿工程，2007，19(5)：86~88.

[67]张延玲，杨长春，贾曙光．地震属性技术的研究和应用[J]．地球物理学进展，2005，20(4)：1129~1133.

[68]王利田，苏小军，管仁顺，等．地震属性分析在彩16井区储层预测中的应用[J]．地球物理学进展，2006，21(3)：922~925.

[69]吕公河，于常青，董宁．叠后地震属性分析在油气田勘探开发中的应用[J]．地球物理学进展，2006，21(1)：161~166.

[70]吴雨花，桂志先，于亮，等．地震属性分析技术在西南庄－柏各庄地区储层预测中的应用[J]．石油天然气学报，2007，29(3)：391~393.

[71]郝骞，张晶晶，李鑫，等．地震属性油气储层预测技术及其应用[J]．湖北大学学报，2010，32(3)：339~343.

[72]代瑜．叠后地震属性在温米油田三间房组储层描述中的应用[D]．北京：中国石油大学，2010.

[73]罗忠辉，冷军．地震属性分析在潜江凹陷储层预测中的应用[J]．石油天然气学报，2010，32(1)：228~231.

[74]胡斌，张亚军，王俐，等．地震属性技术与储层预测[J]．小型油气藏，2002，7(1)：24~29.

[75]唐晓川，孙耀华，吴亚东，等．地震属性技术在桑塔木碳酸盐岩储层预测中的应用[J]．河南石油，2005，19(4)：13~15.

[76]李敏．地震属性技术研究及其在关家堡储层预测中的应用[D]．陕西：西北大学，2005：11~12.

[77]万琳．地震属性分析及其在储层预测中的应用[J]．油气地球物理，2009，74(3)：43~46.

[78]宁松华．地震属性分析在托浦台储层预测中的应用[J]．石油天然气学报，2006，28(5)：70~73.

[79]刘威，罗珊珊，李银婷，等．地震属性技术在碳酸盐岩储层预测及其应用[J]．石油化工应用，2011，30(5)：67~69.

[80]刘文岭，牛彦良，李刚，等．多信息储层预测地震属性提取与有效性分析方法[J]．石油物探，2002，41(1)：100~106.

[81]袁野，刘洋．地震属性优化与预测新进展[J]．勘探地球物理进展，2010，33(4)：229~237.

[82]倪逸，杨慧珠，郭玲萱，等．储层油气预测中地震属性优选问题探讨[J]．石油地球物理勘探，1999，34(6)：614~626.

[83]陈学海，卢双舫，薛海涛，等．地震属性技术在北乌斯丘尔特盆地侏罗系泥岩预测中的应用[J]．中

国石油勘探，2011，16(2)：67～71.

[84]印兴耀，周静毅．地震属性优化方法综述[J]．石油地球物理勘探，2005，40(4)：482～489.

[85]高林，杨勤勇．地震属性技术的新进展[J]．石油物探，2004，43(S)：10～16.

[86]鲍祥生，尹成，赵伟，等．储层预测的地震属性优选技术研究[J]．石油物探，2006，45(1)：28～33.

[87]周静毅．MDI地震属性技术在储层预测中的应用[J]．海洋石油，2008，28(3)：6～10.

[88]刘立峰，孙赞东，杨海军，等．缝洞型碳酸盐岩储层地震属性优化方法及应用[J]．石油地球物理勘探，2009，44(6)：747～754.

[89]张洪波，王纬，顾汉明．高精度地震属性储层预测技术研究[J]．天然气工业，2005，25(7)：35～37.

[90]秦月霜，陈显森，王彦辉．用优选后的地震属性参数进行储层预测[J]．大庆石油地质与开发，2000，19(6)：44～45.

[91]宫健，许淑梅，马云，等．基于地震属性的储层预测方法——以永安地区永3区块沙河街组二段为例[J]．海洋地质与第四纪地质，2009，29(6)：95～102.

[92]邵锐，孙彦彬，于海生，等．基于地震属性各向异性的火山机构识别技术[J]．地球物理学报，2011，54(2)：343～348.

[93]王志君，黄军斌．利用相干技术和三维可视化技术识别微小断层和砂体[J]．石油地球物理勘探，2001，36(3)：378～381.

[94]余得平，曹辉，王咸彬．相干数据体及其在三维地震解释中的应用[J]．石油物探，1998，37 (4)：75～79.

[95]孙夕平，杨国权．三维地震相干体技术在目标沉积相研究中的应用[J]．石油物探，2004，43 (6)：591～594.

[96]覃天，刘立峰．多属性相干分析在预测储层裂缝发育带中的应用[J]．石油天然气学报(江汉石油学院学报)，2008，30 (6)：254～257.

[97]李玲，冯许魁．用地震相干数据体进行断层自动解释[J]．石油地球物理勘探，1998，33 (S1)：105～111.

[98]胡伟光，蒲勇，赵卓男，等．川东北元坝地区长兴组生物礁的识别[J]．石油物探，2010，49(1)：46～53.

[99]胡伟光．相干体技术在川东北油气勘探中的应用[J]．物探化探计算技术，2010，49(1)：260～264.

[100]龚洪林，许多年，蔡 刚．高分辨率相干体分析技术及其应用[J]．中国石油勘探，2008，32(3)：45～48.

[101]苏朝光，刘传虎，王军，等．相干分析技术在泥岩裂缝油气藏预测中的应用[J]．石油物探，2002，41(2)：197.

[102]刘传虎．地震相干分析技术在裂缝油气藏预测中的应用[J]．石油地球物理勘探，2001，36(2)：238.

[103]高级，崔若飞，刘伍．基于Windows的煤矿地震数据三维可视化系统研究[J]．物探化探计算技术，2008，30(4)：348～352.

[104]李玲，王小善，李凤杰．全三维解释方法探讨与实践[J]．石油地球物理勘探，1996，31(4)：495～508.

[105]陈旋，何伯斌，姜新平，等．亮点技术在温米西山窑组气藏勘探中的应用[J]．吐哈油气，2003，8(3)：306～308.

[106]范春华．元坝地区雷口坡组储层综合研究[J]．中国西部科技，2011，10(1)：8～10.

[107]张树林，李绪宣，易平．近海天然气藏地震预测技术及应用[J]．石油地球物理勘探，2002，37(4)：382～390.

[108]杨云岭，孙怀福，王忠怀．“亮点”问题研究及其在东营凹陷周边浅层气勘探中的应用[J]．石油物探，1991，30(1)：39～50.

[109]赵力民，彭苏萍，郎晓玲，等．利用 Stratimagic 波形研究冀中探区大王庄地区岩性油藏[J]．石油学报，2002，23(4)：33～36.

[110]徐黔辉，姜培海，沈亮．Stratimagic 地震相分析软件在 BZ25－1 构造的应用[J]．中国海上油气(地质)，2001，15(6)：423～426.

[111]赵力民，郎晓玲，金凤鸣，等．波形分类技术在隐蔽油藏预测中的应用[J]．石油勘探与开发，2001，28(6)：53～55.

[112]于红枫，王英民，李雪，等．Stratimagic 波形地震相分析在层序地层岩性分析中的应用[J]．煤田地质与勘探，2006，34(1)：64～66.

[113]邓传伟，李莉华，金银姬，等．波形分类技术在储层沉积微相预测中的应用[J]．石油物探，2008，47(3)：262～265.

[114]殷积峰，李军，谢芬，等．波形分类技术在川东生物礁气藏预测中的应用[J]．石油物探，2007，46(1)：53～57.

[115]王玉学，丛玉梅，黄见，等．地震波形分类技术在河道预测中的应用[J]．资源与产业，2006，8(2)：71～74.

[116]胡伟光．地震相波形分类技术在川东北的应用[J]．勘探地球物理进展，2010，33(1)：52～57.

[117]胡伟光，赵卓男，肖伟，等．YB 地区长兴期生物礁控制因素浅论[J]．特种油气藏，2010，17(5)：51～53.

[118]胡伟光，赵卓男，肖伟，等．川东北元坝地区长兴组生物礁的分布与控制因素[J]．天然气技术，2010，4(2)：14～16.

[119]吴奇之．地震资料解释工作的现状与展望[J]．石油地球物理勘探，1987，22(4)：468～482.

[120]郑军林，王茂文，陈斌，等．精细地震资料解释在桥口复杂断块带的应用[J]．断块油气田，2003，10(6)：29～31.

[121]朱兆林，赵爱国．裂缝介质的纵波方位 AVO 反演研究[J]．石油物探，2005，44(5)：499～503.

[122]查朝阳，FRS 培训教程整合版[M]．北京：恒泰艾普公司，2005，71～80.

[123]甘其刚，杨振武，彭大钧．振幅随方位角变化裂缝检测技术及其应用[J]．石油物探，2004，43(4)：373～376.

[124] 胡伟光，蒲勇，肖伟，等．裂缝预测技术在清溪场地区的应用[J]．中国石油勘探，2010，15(6)：52～58.

[125] Zha C Y，Zhang Z R，Zhong D Y，et al. Application of Fractured Reservoir Modeling Technology to 7Sandstone Reservoirs in Songliao Basin，China[J]. 66th EAGE Annual Conference and Exhibition，2004，Z～99.

[126] Li X Y. Fracture Detection Using P-P and P-S Waves in Multicomponent Sea-Floor Data[J]. Expanded Ab-

stracts of 68th Annual Internat SEG Mtg, 1998, 2056 ~ 2059.

[127]杨勤勇，赵群，王世星，等．纵波方位各向异性及其在裂缝检测中的应用[J]．石油物探，2006，45(2)：177 ~ 181.

[128]Shen F, Sierra J, Toksoz N. Offset-dependent Attributes (AVO and FVO) Applied to Fracture Detection [R]. 69 th Ann Internat Mtg, Soc. Exp l. Geophys, 776 ~ 779, 1999.

[129]Li X Y. Fractured Reservoir Delineation Using Multicomponent Seismic Data[J]. Geophysical Prospecting, 1997, 45(1): 39 ~ 64.

[130]曲寿利，季玉新，王鑫，等．全方位 P 波属性裂缝检测方法[J]．石油地球物理勘探，2001，36(4)：390 ~ 397.

[131]刘云武，齐振勤，唐振国，等．海拉尔盆地乌东地区三维地震裂缝预测方法及应用[J]．中国石油勘探，2012，17(1)：37 ~ 41.

[132]杨鸿飞，胡伟光，范春华．川东北 S 地区裂缝预测技术浅论[J]．中国西部科技，2012，11(8)：5 ~ 6.

[133]胡伟光，刘珠江，范春华，等．四川盆地 J 地区志留系龙马溪组页岩裂缝地震预测与评价[J]．海相油气地质，2014，19(4)：25 ~ 29.

[134]乐绍东．AVA 裂缝检测技术在川西 JM 构造的应用[J]．天然气工业，2004，24(4)：22 ~ 24.

[135]甘其刚，高志平．宽方位 AVA 裂缝检测技术应用研究[J]．天然气工业，2005，25(5)：42 ~ 43.

[136]曾翔宇，李道阳，宋学良，等．变速成图技术在雁木西地区滚动勘探中的应用[J]．吐哈油气，2005，10(1)：64 ~ 67.

[137]边树涛，董艳蕾，郑浚茂．地震波频谱衰减检测天然气技术应用研究[J]．石油地球物理勘探，2007，42(3)：296 ~ 300.

[138]肖继林，胡伟光，肖伟．川东北马路背地区须家河组储层综合预测[J]．天然气技术，2010，4(3)：17 ~ 18.

[139]何又雄，钟庆良．地震波衰减属性在油气预测中的应用[J]．江汉石油科技，2007，17(3)：9 ~ 11.

[140]黄中玉，王于静，苏永昌．一种新的地震波衰减分析方法——预测油气异常的有效工具[J]．石油地球物理勘探，2000，35(6)：768 ~ 773.

[141]黄花香，邓瑛，吴战培，等．吸收系数反演在川东碳酸盐岩储层预测中的应用[J]．石油物探，2003，42(1)：86 ~ 88.

[142]辛可锋，李振春，王永刚，等．地层等效吸收系数反演[J]．石油物探，2001，40(4)：14 ~ 20.

[143]张旭光．玉北地区碳酸盐岩储层地震响应特征研究[J]．石油物探，2012，51(5)：493 ~ 501.

[144]王光付．碳酸盐岩溶洞型储层综合识别及预测方法[J]．石油学报，2008，29(1)：47 ~ 51.

[145]巫波，荣元帅，张晓．塔河油田中深部缝洞体油藏控制因素分析[J]．特种油气藏，2014，21(2)：115 ~ 118.

[146]徐丽萍．多属性融合技术在塔中碳酸盐岩缝洞储层预测中的应用[J]．工程地球物理学报，2010，7(1)：19 ~ 22.